文化丝绸

徐昳荃　张克勤　赵荟菁 编著

苏州大学出版社
Soochow University Press

图书在版编目(CIP)数据

文化丝绸 / 徐昳荃,张克勤,赵荟菁编著. —苏州：苏州大学出版社,2016.7(2024.12重印)
ISBN 978-7-5672-1711-9

Ⅰ.①文… Ⅱ.①徐… ②张… ③赵… Ⅲ.①丝绸—文化—中国 Ⅳ.①TS14-092

中国版本图书馆 CIP 数据核字(2016)第 171638 号

书　　名	文化丝绸
编　　著	徐昳荃　张克勤　赵荟菁
责任编辑	欧阳雪芹
装帧设计	刘　俊
出版发行	苏州大学出版社(Soochow University Press)
出 版 人	蒋敬东
社　　址	苏州市十梓街1号　邮编：215006
印　　刷	广东虎彩云印刷有限公司
网　　址	www.sudapress.com
邮购热线	0512-67480030
开　　本	700 mm×1 000 mm　1/16　印张：13　字数：168千
版　　次	2016年7月第1版
印　　次	2024年12月第4次印刷
书　　号	ISBN 978-7-5672-1711-9
定　　价	38.00元

凡购本社图书发现印装错误,请与本社联系调换。服务热线：0512-67481020

前　言

2014年APEC会议上,习近平主席为世界描绘了中国开展"新丝绸之路经济带"和"21世纪海上丝绸之路"建设的宏伟蓝图。蓝图的展开为世界各国加深了解中国丝绸尤其是丝绸文化提供了机会。

文化是一种社会现象,是人类物质文明和精神文明有机融合的产物;文化也是一种历史现象,是社会的历史沉积。文化是根植于内心的修养,是无须提醒的自觉,也是以约束为前提的自由。

中国传统文化包含物态文化、制度文化、行为文化、精神文化等,点点滴滴的文化形态宛如颗颗繁星,组成辉煌灿烂的中国文化的天穹。

中国传统文化中的传统美德,如"仁义礼智信、温良恭俭让"突出地体现了我们的人文精神。从精神层面讲,儒、释、道文化对国人影响最为深刻。儒家崇尚礼仪教化,认为上天总会帮助道德品质高尚的人,强调自我品德的提升,主张"修身、齐家、治国、平天下"。佛教注重人性的净化,提倡内省、反求诸己。道家的核心思想是遵循天地万物的自然本性,强调自然无为,反省自己,因势利导。中国传统文化在此思想体系的引领和支撑下,不乏许多经典的亚文化的出现和延续。

丝绸文化是中国传统文化中绚丽的篇章,曾经成为中华文明的代称,古代其他民族称中国为"丝国"。嫘祖发明的养蚕、缫丝、织绸技术,堪称中国"四大发明"之前的第一大发明。韩国、朝鲜及东南亚国家都隆重祭祀嫘祖。可以说,丝绸是人类最伟大、最美丽的发明之一,堪称国粹。丝绸文化与中华民族的繁衍一路随行,4700年以来,桑蚕丝织与粮食生产一样重要,是中国古代农业最基本而重要的活动之一,也是古代政治家关注的产业经济和财税来源。中国古代农村的基本生产活动就是种粮和养蚕,城乡最普及的手工业是与此相关的织丝和刺绣,要比制茶和制瓷等更为普及。

丝绸文化集中展示了文化的综合表现,如物态文化、制度文化、行为文化、精神文化的传承。丝绸文化是本地域文化的集中代表之一,在城市出现之后,聚集生活在一起的人们在长期劳作的基础上形成了一定区域的行为特征和文化价值观,并长期传承而不衰,如稻作文化、园林文化、曲艺文化、军事文化、慈善文化等,构成一个地域丰富的文化积淀。

文化是维系一个民族生存和发展的强大动力。一个民族的存在依赖文化,文化的解体就是一个民族的消亡。当今的中华民族正在迎来民族复兴的伟大历史时期,只有加强本民族文化的继承和创新,才能更好地弘扬民族精神,增强民族凝聚力。随着我国综合国力的日益强大,广大民众对重塑民族自尊心和自豪感的渴求日益迫切,将民族大家庭中源远流长、博大精深的中华文化继承并传播给广大群众,特别是青年一代,是丝绸人义不容辞的责任。

本书是以纺织工程为专业背景,以丝绸为主线,贯通历史、哲学、地理、政治等多门学科,立足丝绸文化挖掘,面向有意了解丝绸文化传承的广大青年的科普读物。全书尽量将与丝绸相关联的方面进行阐述,旨在融知识性、学术性和趣味性于一体,增强可读性,同时吸收了作者在苏州大学所开设的公共选修课"丝绸文化概论"的授课内容。

前言

本书讨论的丝绸是一个大概念的丝绸。从农业看，涉及种桑、养蚕；从工业看，涉及缫丝、织绸、印染以及后整理，直至服饰加工等；从文化产业看，涉及丝绸的服制文化、典故、风俗以及丝帛读物等丝绸文化产品。另外，凡是具有丝绸风格的化纤类产品，也可以纳入其中。丝绸的产品类别众多，包括时尚服装、家居装饰、家纺套件、蚕丝被、箱包、领带等。丝绸的衍生产品更多，如保健食品、化妆品、医疗辅助材料等。

本书由张克勤负责统筹和策划，徐昳荃负责初稿执笔及全书统稿，赵荟菁负责第四章第二、三节的编写及其余各章节的再审定稿。

本书得以顺利出版，首先感谢苏州大学领导和苏州大学纺织与服装学院全体同仁的大力支持！感谢文正学院施盛威老师、邵春妹老师，应用技术学院张卫老师、王春兰老师的关心和支持！感谢董伊航先生、孟凯先生和杨倩女士的真诚帮助！同时，感谢本书责任编辑欧阳雪芹女士的辛苦付出。

书中各章节吸收了学术界相关研究成果，难免注释未明或缺少注释之处，欢迎专家同仁批评指正。书中各章节是按照专题形式组织内容的，尽管几易其稿，鉴于作者水平有限及时间仓促，加之丝绸技术的迅速发展，一些新的知识和成果在书中尚未完全得以呈现。书中的谬误、疏漏之处，敬请读者批评和赐教。

作者于凌云楼
2016 年 1 月

目　录

第一章　古代丝绸文化　/1
第一节　相伴人类文明起源期　/2
第二节　奴隶社会普遍发展期　/8
第三节　封建社会加速发展期　/10
第四节　封建社会均衡发展期　/15
第五节　封建社会多元繁荣期　/18

第二章　近现代丝绸工业　/22
第一节　近代丝绸业的起步　/22
第二节　近代民族工业的兴起与发展　/28
第三节　现代丝绸工业发展概况　/32
第四节　我国丝绸工业的现状及发展方向　/35

第三章　丝绸传统工艺　/39
第一节　栽桑·养蚕·吐丝·结茧　/40
第二节　煮茧·缫丝·织绸　/44
第三节　丝织物的印染和整理　/53
第四节　丝绸服装服饰　/56

第四章　丝绸技术前瞻　/61
第一节　丝绸新技术　/61
第二节　丝素生物医用材料　/68
第三节　丝素纳米材料　/71

第五章 丝绸织物产品及用途 /76

第一节 绫、罗、绸、缎、锦类丝绸 /76

第二节 纺、绉、纱、绢类织物 /85

第三节 呢、绒、葛、绨、绡类丝绸织物 /90

第四节 丝绸产品的鉴别与保养 /94

第五节 丝绸纹样 /97

第六章 丝绸文化的价值体现 /100

第一节 丝绸与绘画 /100

第二节 丝绸与文学 /104

第三节 丝绸与宗教 /111

第四节 丝绸与教育 /113

第五节 丝绸与旅游 /116

第六节 丝绸与礼法 /117

第七章 苏州丝绸文化 /122

第一节 苏州文化发展的历史阶段 /123

第二节 官营织造与民间织造的共同繁荣 /131

第三节 丝绸文化在苏州的烙印 /134

第四节 丝绸文化在苏州文化中的作用和地位 /143

第八章 丝绸文化的品格 /145

第一节 丝绸文化的特点 /145

第二节 丝绸文化的人文精神 /153

第三节 丝绸品牌及其提升 /155

第四节 丝绸文化与城市精神的契合 /160

第九章　丝绸文化的重振　/163

第一节　丝绸之路的古今辉煌　/164
第二节　中国梦与丝绸梦　/172
第三节　丝绸工业重振的方向和路径　/176
第四节　丝绸文化产业重振的方向和路径　/179

附录　丝绸年表　/184

参考文献　/189

第一章
古代丝绸文化

丝绸起源于中国,早在黄帝时期就有"蚕神献丝""天神化蚕"的故事。在相当长的一段历史时期,中国是世界上唯一能够生产丝绸的国家。我们的祖先不仅发明了丝绸,而且利用丝绸、推广丝绸,使其在服饰上、文化礼仪上、艺术上闪烁出夺目的光辉。丝绸不仅在

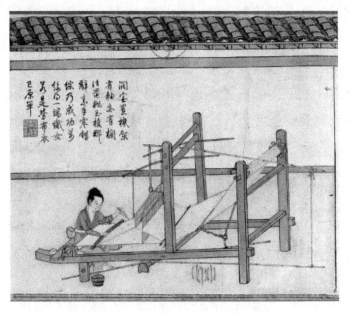

图1-1 《耕织图》中的单动式双综双蹑机

国内备受欢迎,更是充当了中华文明的文化使者,把古老的华夏文明传播到海外。

第一节 相伴人类文明起源期

在很长的一段历史时期,养蚕制丝技术一直为中国人民所独擅。当中国的丝织品最初传到西亚、欧洲时,许多外国人面对这光滑轻盈、柔软飘曳、多姿多彩的织物都觉得神奇得不可思议。很多人认识中国、了解中国都是从这些神秘的丝织物开始的。比如,古罗马人和古希腊人称中国为"Serica",就是从"Sergr"(丝绢)一词转化来的。丝绸文化为中国博得了"丝国"的美誉。

一、采桑养蚕的传说

银蚕金丝,锦缎绫罗,轻盈柔软,异彩纷呈。每当人们衣锦着缎之时,自会想到养蚕制丝的创始人。由于年代久远,口头文学与古籍记载不一,这一创始人究竟是谁一直众说纷纭。千百年来,我国人民群众创作的口头文学中,有的说是"嫘祖""西陵圣母",有的说是"马头娘""蚕女""马明王菩萨",还有的说是"青衣神"等,而较为普遍的说法,则是"嫘祖"①。在四川新津县,至今还流传着这样一首民谣:"三月三日半阴阳,农妇养蚕勤采桑。蚕桑创自西陵母,穿绸勿忘养蚕娘。"

关于采桑养蚕的神话传说很多,人物、时间、内容各不相同。在众多的圣贤人物中,广大劳动人民更愿意接受嫘祖作为养蚕业的开山始

---

① 《史记·五帝本纪》记载:"黄帝居轩辕之丘,而娶于西陵之女,是为嫘祖;嫘祖为黄帝正妃,生二子,其后皆有天下。"

祖。传说采桑养蚕就是嫘祖发明的。一次嫘祖在野桑林中喝水,树上有野蚕茧落下掉入水碗,待用树枝挑捞时挂出了蚕丝,而且连绵不断,愈抽愈长,嫘祖便用它来纺线织衣,并开始驯育野蚕。嫘祖被后世纪为先蚕娘娘,历朝历代都有王后嫔妃祭先蚕娘娘的仪式,很多养蚕地区都可以看到蚕神庙和先蚕祠。当然还有原始天尊怜悯人间无以御寒而化作蚕儿造福人类,也就是"天神化蚕"的传说。

后元初金履祥《通鉴纲目外记》也认为采桑养蚕缫丝是四川一带的嫘祖发明的:"西陵氏之女嫘祖,为黄帝元妃,始教民育蚕,制丝茧以供衣服,后世祀为先蚕。"据《绎史·黄帝纪》载:"黄帝斩蚩尤,蚕神献丝,乃称织维之功。"虽然两本史书对丝绸的发明记载稍有不同,但都认为丝绸起源应在五帝之时。

自从养蚕制丝被发明以后,大量的考古资料和典籍文献证明:从嫘祖至4100年前的夏代,是丝绸生产的初创时期,人类开始抽丝养蚕,并将蚕丝挑织成绸绢。从4100年前的夏代到2200年前的战国末期,是丝绸生产的发展时期。从甲骨文和金文中大量出现的"桑""茧""丝""帛"等字,可见养蚕制丝已成为当时重要的生产内容,尤其是能用多种织纹和彩丝织成十分精美的丝织品,可见丝织技术的突出进步。从2200年前的秦代至150年前的清代道光年间,便是丝绸生产的成熟时期,各道工序、各种工艺日益完善,制作丝绸的机器逐渐完备和普及,丝绸工业形成了完整的体系。从鸦片战争到1949年,是丝绸生产的衰落期,战祸频仍,蚕农破产,工厂毁坏,民不聊生。中华人民共和国成立后,丝绸工业得到迅速恢复和发展,机器设备不断更新,绸缎花色品种不断增多,质量达到3A级以上。20世纪80年代初期,我国的蚕茧产量便已达到世界总产量的51%,生丝产量占世界总产量的43%,成为名副其实的丝绸生产大国。

此外,根据《史记》《周易》《诗经》的记载,还有关于太昊伏羲氏和炎帝神农氏教民农桑的故事。神话传说反映的是在社会生产力低下、科学文化水平不发达情况下人们的美好愿望,正如其他农业生产发明一样,不能将栽桑养蚕的发明归功于史前一两个英雄人物身上,其实一项伟大的发明往往凝聚了我国古代劳动人民数代人的心血,是他们集体智慧和力量的结晶。

二、采桑养蚕的考古

从出土文物分析,蚕茧的利用、家蚕的养殖和丝绸的生产,早在新石器时代就开始了,距今10000年至5000多年。

1926年,清华大学考古队在山西夏县西阴村一处遗址中,发现了一颗被割掉了一半的丝质茧壳(见图1-2),虽然已经部分腐蚀,但仍有光泽,而且茧壳的切割面极为平直。其时代距今6000年左右,据研究,古人切割的目的可能是吃里面的蚕蛹,所以推测此时的蚕茧尚未被人们认识到可以抽丝织衣,但光亮坚韧的丝绒或已触动人们开始利用蚕丝,从而促使原始纺织技术和丝绸的出现。

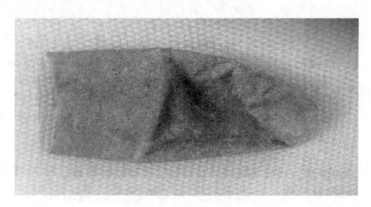

图1-2 山西夏县西阴村出土的半个茧壳

1958年,浙江湖州钱山漾出土了一批丝线、丝带和没有炭化的绢片(见图1-3),经测定距今4700多年。这是目前发现的中国南方最早

的丝绸织物成品。这块绢片呈黄褐色，由家蚕丝织成，平纹织法，经纬线均由20根单蚕丝合并成为一股丝线，交织而成。经密为每厘米52根，纬密为每厘米45根。据此推断，当时人们已经掌握了原始的缫丝技术，并且可能已有原始的纺织工具。

图1-3　浙江湖州钱山漾出土的绢片

1973年，在浙江余姚河姆渡新石器文化遗址中，出土了一个距今7000年前的盅形雕器（见图1-4），文物上刻有四条蚕纹，仿佛四条蚕在向前蜿蜒爬行，头部和身躯上的横截纹非常清晰，应是一种野蚕。

图1-4　浙江余姚河姆渡出土的蚕纹牙雕

1984年，在河南荥阳青台村一处仰韶文化遗址，发现了距今5000多年的丝织品和10枚红陶纺轮。丝织物用来包裹儿童的尸体，这正是传说中伏羲氏制作丧服用的"缚帛"（见图1-5）。丝织物为平纹织物，浅绛色罗，组织稀疏，可见当时的纺织技术水平比较落后，但这却是迄今为止发现的北方最早的蚕丝。

图1-5　河南荥阳青台村出土的罗织物

1994年，四川盐亭太阳沟一社出土了粗陶、蚕茧、蚕蛾、人俑和陶盆、陶罐等60余件，科学鉴定为新石器时代晚期葬品。在金鸡乡古墓内，还发现了一只金蚕。

三、对文化遗址的考察

1. 屈家岭文化遗址

位于湖北京山县，是长江中下游的一处以黑陶为主的文化遗存。其年代距今5000—4600年，分布范围较广，西越宜昌但未进入四川境内，北达河南西南部南阳地区，东未超出湖北境内，南达洞庭湖一带。屈家岭文化遗址出土了主要用于纺线的纺轮，造型更为多样，而且有些还加以彩绘。之后又出土了带有机械性质的纺织工具。

2. 仰韶文化遗址

位于河南省三门峡市渑池县城北9公里处的仰韶村，遗址年代为公元前5000年至公元前3000年。仰韶文化遗存以黄河中游地区为中心，北到长城沿线及河套地区，南达湖北的西北部，西到甘肃、青海

接壤地带,东至河南东部,上下2000年,纵横数千里,展现了我国由母系氏族社会过渡到父系氏族社会的社会结构、经济形态和文化成就。仰韶文化遗址中发现了大理石材质的蚕形饰物和陶制的蚕蛹形装饰品。

3. 良渚文化遗址

位于杭州城北18公里处余杭区良渚镇。1936年发现的良渚遗址,实际上是余杭县的良渚、瓶窑、安溪三镇之间许多遗址的总称,是新石器时代晚期人类聚居的地方。年代为公元前3300年至公元前2000年,是长江下游地区良渚文化的代表性遗址。20世纪50年代末,在湖州钱山漾遗址中出土了属于良渚文化的纺织品遗存,其中包括丝线、麻布等,更令人称奇的是一块被鉴定为最早的"绢织物"的纺织品,材质是经过缫制的家蚕丝,其经纬密度达到每平方寸120根。这说明良渚文明已经掌握了相当发达的养蚕和纺织技术。古籍传说,养蚕纺织的始祖是黄帝正妃嫘祖,从发现来看,丝织技术的发源地很可能是中国东南的良渚文化遗址。

4. 河姆渡文化遗址

河姆渡文化是中国长江流域下游地区古老而多姿的新石器文化,1973年第一次发现于浙江余姚河姆渡,因而命名。它主要分布在杭州湾南岸的宁绍平原及舟山岛。它是新石器时代母系氏族公社时期的氏族村落遗址,反映了长江流域氏族的情况。河姆渡文化遗址中有大量蚕形、蛹形饰物出土。河姆渡遗址总面积达4万平方米,叠压着四个文化层。经测定,最下层的年代为7000年前。通过1973年和1977年两次科学发掘,出土了骨器、陶器、玉器、木器等各类质料组成的生产工具、生活用品、装饰工艺品以及人工栽培稻遗物、干栏式建筑构件、动植物遗骸等文物近7000件,全面反映了我国原始社会母系氏族时期的繁荣景象。河姆渡遗址的发掘为研究当时的农业、建筑、纺织、艺术等东方文明提供了极其珍贵的实物佐证，是新中国成立以来最重要的考古发现之一。河姆渡遗址出土的文物曾多次出国展览，深深地震撼着整个世界。

总之，我国的黄河流域和长江流域在新石器时代就广泛出现了桑蚕丝绸生产，其起源不是单一或者传承的，而是平行各自独立发展的。所以说，我国的丝绸起源是多元的。

第二节　奴隶社会普遍发展期

大约在公元前22世纪末至公元前21世纪初，我国第一个奴隶制国家夏朝建立，经过商朝到西周，奴隶制社会发展到顶峰，再经过春秋争霸直到公元前475年，战国七雄并立局面的出现，经过漫长的1500年。

一、采桑养蚕与农业并重

在此期间采桑养蚕业摆脱了新石器时代的缓慢发展阶段，青铜器取代了原始的石器和木器，有组织的大规模的协作劳动取代了个体劳动，加之生产技术的不断进步，采桑养蚕普遍兴起，成为国民经济的重要组成部分。我国古代第一部诗歌总集《诗经》中有一篇《七月》的长诗最能反映商周时代的蚕桑生产。从诗中可以看出，女子采蒿子孵蚕，采桑叶喂蚕，男子为桑树修枝，之后还要缫丝、染丝、纺织到最后做成衣裳，从三月到八月，奴隶要忙上整整半年。《魏风》也有记载，有些地区种植桑树的土地达十亩。孟子曾经感慨道："五亩之宅，树之以桑，五十者可以衣帛矣。"五亩桑田可以使50岁的老人穿丝绸衣裳了，可见丝绸生产在当时社会中的地位是举足轻重的。

第一章 古代丝绸文化

二、生产技术与生产工具的进步

从种桑看,桑树属于桑科桑属,为落叶乔木。高干乔木和低干乔木是在商代开始人工培养的。我们的祖先很早就采用压条繁殖法①培育低干桑树,既便于桑叶的采集,又为繁殖优良桑苗开辟了新途径。

从养蚕看,商周时代对蚕的饲养有了比较深刻的认识。只养春蚕,不养夏蚕,改多性化的野蚕为一化的家蚕,大大改进了蚕的培育和生产过程,在蚕的饲养上也形成了一套完整的理论体系。

从工艺看,已经形成了缫丝、并丝、捻丝和整经的完整工序。缫丝技术在商代已经普及,在河南安阳商代墓葬中出土的青铜器上包裹着优质的绢痕,还有大量丝织品的残片,均是长丝织成的,说明当时的缫丝技术已经十分发达。其中出土的织成规矩纹样的绢,其纹理整齐,经丝、纬丝并捻均十分严密,工艺水平最高的捻可以达到每米3000捻左右。

从工具看,商代投梭式的平纹机在社会上得到普遍应用。殷人已经能够纺织纱、罗、斜纹等高级丝织品,织机多为卧机,为多镊构成。商代已经使用六片综或者六根提花镊的织机。

三、练染技术的进步

在商、周、春秋时代,丝织品的染色技术主要有两种方法:一种是将矿物颜料磨碎,涂染到丝织品上,使其着色;另一种是使用植物染料进行染色,主要是浸泡。特别是当时的人们可以巧妙地利用红、黄、蓝三原色,调制出紫色、橙色等复杂颜色,使染色技术上了一个新台阶。在中国象形文字的宝库中,许多表现色彩的汉字都带有

---

① 压条繁殖是把未脱离母体的枝条压入土中,待生根后再与母体分离,成为独立的植株。

"丝"字旁,如红、绿、绛(赤色)、绚(色彩华丽)、缇(橘红色)、綦(青黑色)等。

四、多样的丝织品

在西周的贵族墓葬中发现的用于包裹的丝绸残迹和残片中,有绢、绮、锦和刺绣。绢、绮、锦是商代主要的丝织品。绢类织物制造简单,深受平民欢迎,如齐国和鲁国分别盛产纨和缟,素有"齐纨鲁缟"之称。绮的生产起源于商代,是平纹地起斜纹花的单色提花丝织物。锦是多种彩色花纹的丝织物,开始生产于西周,距今有3000年以上的历史,其工艺复杂,织造难度大,是古代最贵重的织物。号称春秋五霸之首的齐桓公提到过"食必粱肉,衣必文绣",《诗·秦风·终南》提到"锦衣狐裘"。

第三节 封建社会加速发展期

战国时期我国已经进入封建社会,随着水利的兴修、铁器的使用和牛耕的推广,特别是农业技术的进步,采桑养蚕的发展和集约进程加速。

一、统治者对桑蚕丝织的重视

进入战国和秦汉之后,桑蚕丝织业成为广大人民衣食和政府收入的主要来源之一,受到政府的高度重视。《管子》中提出"务五谷,则食足;养桑麻、育六畜,则民富",可见桑蚕的地位已经跃居"六畜"之上,在社会经济生活中占主要地位。《史记·伍子胥列传》记载,楚国钟离县与吴国卑梁县相邻,楚平王时期,为了争夺桑树种植地区,楚国对吴国发动战争,被后世称为"蚕茧大战"。

秦国自从"商鞅变法"之后,国家一直推行"农战"政策,以提高本国的经济实力,而蚕桑生产则是农战的重要内容之一。商鞅推行重农抑商的政策,对耕织出众的农户进行奖励。在《吕氏春秋·月令》中也记载了大量对破坏和偷盗桑树的行为进行惩罚的严酷法律。

汉代从"文景之治"到"汉武中兴",统治者无不主张"重农抑商"的基本政策,而"农桑为本"的思想也在群众中得到了广泛认可。随之而来的就是蚕桑在全国范围内的大规模推广。春秋战国时期,蚕桑的种植还只是在以齐鲁为核心的北方地区,沿着黄河流域较为平均地分布。到了两汉时期,其重心有了南移的趋势,尽管其核心在北方,但是养蚕技术的传播速度和桑树种植区的扩大速度都是南方快于北方。据《氾胜之书》记载,湖北、湖南、四川、贵州一带都有大片的区域进行桑树的种植和丝绸的生产。在海南岛北部地区也出土了西汉时期的绘有女子采桑图案的陶器。

汉朝政府加强了对蚕桑生产领域的管理,设置"蚕官令丞"负责统筹相关的事务。通过学者的考古发掘和对汉瓦当的文字考证,可以认定该官职是存在的。

二、生产技术与生产工具的进步

战国秦汉时期的采桑养蚕技术得到了明显提高,主要体现在采桑和养蚕两个方面的细化,更多实用的生物技术被应用在桑树的种植上。西周以前的桑树种植主要是野桑,到了战国秦汉时期,则开始人工培育桑类的高干桑、低干桑和地桑,栽培方式也比过去更加集约化,修剪形式比过去更加细化、规模化。根据《汉书·食货志》记载,汉代的桑树种植既有科学栽培和修剪的高干桑与地桑,也有自然形成的美观高产的乔木桑。桑树的播种是用桑葚子和黍子混合播种,二者共同出苗,几户农民共同间苗、犁地,使苗间距达到最佳,翻土、施肥、除草都有详细的记载。等到黍成熟后,将其贴地割掉,并放火烧毁而成肥料,有益于桑苗第二年的生长。从分布上看,长江北部多为高干桑,长江以南多为地桑,二者的栽培方式略有不同,但是基本遵循以上方法。在桑树的修剪方面,汉代以来也有许多方法,使其更便于桑叶的采集以及第二年的生长和发育。

到了汉代,人们对蚕的生活习性和生理构造有了明显的了解,蚕是"喜温恶暑"的,养蚕者对蚕的春季育种、夏季生长、季末吐丝结茧有了详细的了解,并将其应用到生产中,发明了室内蓄火、向阳温室,均为蚕的发育生长营造了适宜的环境。根据西汉《氾胜之书》记载,与前代比较,汉代的桑蚕生长周期良好,蚕茧的产量和质量都有了明显提高。

在生产工艺方面,为了能使丝胶更加快速地溶解,秦汉时期的先民发明了沸水煮茧的方法,这样就成功地避免了丝胶的粘连和结疙瘩,使蚕茧的表面更加圆润,丝的力度和韧性都有了提高。从《汉书·食货志》中可以看出,沸水煮茧的缫丝方法在汉代已经被广泛采用。

战国秦汉时期,丝织机的构造更加科学,织造工艺更加精湛。从长沙发掘的战国遗址中发现了棉和若干提花织品,其工艺水平远远胜于前代。这要归功于当时先进的镊提花机,与前代的斜纹机相比,经密提高到每根140厘米,纬密提高到每根60厘米,可以织出对龙对凤纹、褐地双色方格纹、几何纹等。

丝织工具方面,两汉时期有了明显进步。缫丝的工具从原有手持的丝筘逐渐变为一种轱辘式的缫丝纤,这便是日后手摇缫丝车的雏形。络丝、并丝、捻丝的工具也基本完备。汉代的丝绸织机也趋于完备,根据《太平御览》卷八二五《器物部》记载,当时纺织机的机型如战国时代,但是平纹织机与提花织机的构造有了很大进步。汉代的平纹

第一章 古代丝绸文化

斜织机对卧机进行了改动,大大提高了纺织速度,降低了操作者的劳动强度。丝织品的质量也有了较大进步,分为洪楼式、留城式和青山式,其中青山式最为流行。汉代提花机也有了进步,根据《西京杂记》记载,西汉陈宝光的妻子研制了120综、120镊的更高级的提花机,操作大大简化,产品的质量也提高了,每匹可卖到一万钱。这就是束综提花机,其原理是通过花楼杆控制花部经丝的提沉,同时用脚踏杆控制地综的提沉,这样可以编制出精美的花纹图案和复杂的几何图形。

练漂印染工艺方面也比前代成熟,得到了长足进步,染色和漂白已经成功区分开来。在周代黑色被认为是卑贱的颜色,"黎民百姓"中的"黎"字代表黑色。秦始皇推崇巫术,认为黑色可以使国运昌盛。汉承秦制,黑色成了高贵的代名词,到了东汉这种风气下降,紫色成了达官显贵的新宠。根据《太平御览》记载,战国时期的漂白技术分为水漂和浸练,到了秦汉时期,则发展成了煮练和捣练。沸水快煮,木杵绞丝,大大提高了漂白和脱胶的速度。从马王堆汉墓出土的丝织品的染色物来看,当时的颜色已经达到20种以上。《汉书》记载各类丝织品的名称多达百种。段玉裁的《说文解字注》记载,以"丝"为偏旁的文字有几十种,以颜色命名的文字也有十几种。

三、多样的丝织品

战国时期是历史上经济繁荣的时期,丝绸产品已不再是上层社会的奢侈品,逐渐普及民间。最能反映汉代丝织技术发展状况的是素纱和绒圈锦。素纱单衣薄如蝉翼,重量不到一两,是当时缫纺技术的标志。绒圈锦用作衣物缘饰,纹样具有立体效果,需要双经轴结构的复杂提花机织制。而印花敷彩纱(见图1-6)的发现,表明当时的印染工艺达到了很高的水平。丝织品可以分为绢、绮、锦三大类,每一类分多种。绢的一种衍生材料——纱,其结构稀疏,易于透气,得到汉代官员的推崇。官员头上戴的帽子叫漆缅冠,纱表面涂上黑漆,纱料坚韧挺亮,威严而不失华贵,耐用而不易变形,为后世历代官员所推崇,百姓习惯称之为"乌纱帽"(见图1-7)。绮(见图1-8)是平纹为地、斜起花纹的提花织物。与此前的绮织物相比,汉代绮织物的颜色由单一变为多变的"七彩汉绮"。锦(见图1-9)是经丝和纬丝经过多重织造构成的极其精美的丝织品。我国的四大名锦南京云锦、苏州宋锦、成都蜀锦、广西壮锦中,蜀锦为典型代表,是四川生产的彩锦,距今已有2000多年历史。早在汉至三国时期,蜀郡(成都一带)所产特色锦都称为蜀锦,其以经向彩条和彩条添花为特色。

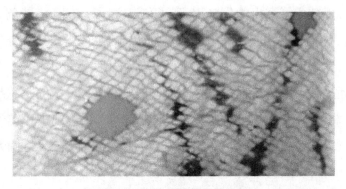

图1-6 汉代印花敷彩纱局部

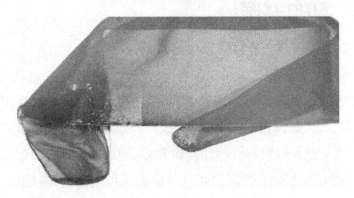

图1-7 湖南长沙马王堆出土的乌纱帽

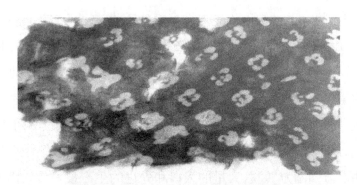

图1-8 青海都兰热水出土的蓝地蜡缬绮

图1-9 新疆民丰尼雅出土的五星锦

第四节 封建社会均衡发展期

隋唐结束了南北分裂局面后,中国迎来了近五百年的和平统一。在"开元盛世"时期,北方蚕桑丝绸业仍然处于领先地位,直到"安史之乱"之后,经济重心开始南移,江南地区的桑蚕丝织业才开始赶超北方,特别是苏杭地区,丝绸的质量有了长足的进步。

一、桑蚕生产在全国普遍发展

桑蚕生产从三国至隋唐五代一直处于发展阶段,在农业中的地位日益上升,同时也给统治阶级带来高额的税收。公元200年,曹操实行新的赋税制度,即租调制。规定田租每亩四升,每户又出绢二匹、绵二斤,此外不得擅征。户出绢、绵,后称为"户调"。南北朝时期,全国各地普遍以丝织物为实物税。蚕桑生产的主要地区仍然是黄河中下游地区,特别是鲁桑,枝条粗短、节密、硬化早、耐寒。从三国两晋南北朝开始,由于北方战乱频繁,江南地区相对稳定,因此丝绸生产的重心不断由北方向南方转移,大量的人口和先进的生产技术传入南方,用丝绸纳税更加刺激了水乡农民的生产积极性。到了唐代,江浙和巴蜀一带成了全国丝绸生产的中心,北方中原地区日趋落后。两晋、南北朝时期,日本使者多次来我国江南地区进行丝绸贸易。江南很多著名的织工去日本传授种桑养蚕和织绸制衣技术。《日本书记》记载,公元464年2月,汉织、兄媛等织工曾去日本传授丝织经验。隋唐时代,中国丝绸特别是江浙一带的丝绸更是源源不断地输出日本。日本的正仓院、法隆寺等都藏有我国江南的绫、锦以及四川蜀锦等珍贵实物。长江流域之外,西北的甘肃、河西地区是我国出土汉唐丝绸实物最多和最为集中的地区,这是丝绸之路繁荣的重要标志。嘉峪关的壁画中,可以清晰地看到以妇女采桑丝织为主要内容的壁画。这一时期的新疆地区也已经有了关于丝绸的记载。辽东地区的桑蚕生产也在这个时期有了较大发展。

二、生产技术与生产工具的进步

隋唐时期,桑树种植和栽培技术明显提高,除了种子的栽培外,还创造出了压条繁殖法。从《四时纂要》记载可见,唐末桑树繁殖仍以种葚繁殖和压条繁殖为主。《天工开物》中介绍了嘉湖地区的桑树压条繁殖法,效率很高。三国吴人杨泉在其著作《蚕赋》中说"古人作赋者多矣,而独不赋蚕,乃为《蚕赋》",说明蚕桑在当时社会中

第一章 古代丝绸文化

的重要作用。作者在书中详细地记述了蚕的品种、习性、繁殖和生长规律。

这一时期,缫丝用的工具由战国秦汉时期的轳辘式改进为手摇式,到隋唐时已经普及全国。三国时期提花机有了突破性改进,由50镊改良为12镊,更加简洁而精巧。这一发明一直沿用到唐朝。

三、练漂和印染技术的进步

练漂技术已经由三国两晋时期的水练发展为灰练和捣练。灰练所用的草木灰的品种也逐渐增加,藜灰、冬灰、蒿灰、木灰被广泛应用。

印染的工艺娴熟很多,植物染料的使用已经超过了矿物染料,红色染料中红花取代了茜草,黄色染料中大量使用了物美价廉的地黄,蓝草被广泛应用于提炼青色。隋唐时期,颜料的印花技术得到发展,由原来单一的印绘向染色、印花、绘画三种工艺相结合的多彩套印发展,并将此技术传入日本。

四、丰富多样的丝织品

三国至隋唐五代时期,丝绸产地和品种都发生了重大变化。从产地上看,首先是区域继续扩大。其次是重心南移,由黄河流域转入长江中下游的江南一带。三国时期,蜀国就有官营的丝织作坊,隶属锦官府,由后宫宫女从事生产,同时雇佣一部分民间织机和织工生产。东晋时期的北方十六国中,普遍由尚方御府负责生产丝织品,下设锦、织两署。隋唐五代时期,隋朝设少府监,下设织染署专门管理丝绸生产。唐承隋制,机构更加细化,染织署专管天子、群臣的服饰织造,设专管监视,防止技术外流。

这一时期,丝绸的品种空前丰富。早在曹魏时期,就有襄邑的锦绣,南北朝时期出现了精美华贵的缂丝(也称刻丝),还有闻名遐迩的成都蜀锦，都是当时丝织品超水平的代表。根据《唐会要》记载，当时的丝织品中，纱、罗、绮、绢、绫、锦发展较快，特别是绫和锦，其花色纹理、做工技术都代表了当时最高水平。

第五节　封建社会多元繁荣期

宋元明清时期进入封建社会晚期，封建人身依附关系松弛，商品经济发展，个体私营经济壮大。少数民族政权逐步认识到桑蚕丝织业在社会经济中的重要作用，采取了"劝课农桑"和保护农业的措施。

一、统治者的重视

北宋建立后，与辽、西夏政权连年对峙，签订了一系列条约，承担了大量的"岁贡""岁赋"，其中很大一部分是绢、帛类的丝织品，个别年份多达数十万匹。根据《宋会要》记载，北宋时期从民间征收的丝织品中，南方可以占到四分之三，大部分来自江浙地区。南宋时期，根据《宋史》记载，江浙地区上缴的丝绸每年多达近两百万匹，这个数量已经超过四川地区，江浙地区成为南方丝绸的生产中心。南宋时，杭州、苏州、湖州等城镇中已有"机户""机坊家""织罗户"等专业机户，开展丝绸生产业务，产品绝大部分作为商品出售，以换取口粮。据农学家陈旉《陈旉农书》记载："唯藉蚕办生事，十口之家，养蚕十箔，每箔得茧一十二斤，每一斤取丝一两三分，每五两丝织小绢一匹，每一匹绢易米一石四斗，绢与米价常相侔也，以此岁计衣食之给，极有准的也。以一月之劳，贤于终岁勤动，且无旱干水溢之苦，岂不优裕哉。"即十口之家，养蚕十箔，以一月之劳，可抵过种稻一年的收入。明朝后期，进入小冰期，世界气候变冷，适宜种桑养蚕的地域进一步南移，太湖地区地势低洼、气候潮湿，特别适合种桑养蚕。

二、生产技术的进步

随着南方桑蚕丝织业的发展,植桑养蚕技术也有了巨大进步。首先桑树品种增多,元代的《农桑辑要》将桑树分为鲁桑和荆桑。清代《蚕桑萃编》中将桑树分为鲁桑、荆桑、川桑、湖桑四类。桑树的嫁接技术在宋代得到普遍重视,在元代更加系统化、科学化。嫁接的六种方法得到了详细总结,使得桑树优良品种的作用和性状得到了充分发挥,极大地提高了桑叶的产量和质量。宋代的《耕种图》详细地记载了蚕桑生产需要进行的"二十四事",并配以图片进行详细记述,是中国古代最早的科普读物。宋应星《天工开物》记载了一化性的雄蚕和二化性的雌蚕进行杂交可以培养出优良的新品种。柞蚕的正式大规模放养开始于明代,这一时期柞蚕的人工放养和柞蚕丝的缫丝技术已经成熟。

三、印染练漂技术的继续进步

宋代的印染练漂已经由两人对立的单杵竖捣发展为两人对坐的双杵卧捣,极大地提高了劳动效率。明代徐光启《农政全书》中记载了用碱练和酶练相结合的方法。清代工匠开始使用猪胰灰混合浸泡,以便增加丝绸的光泽度,这一工艺被后世一直沿用。

这一时期,大量的染料投入使用,使得丝绸色彩日益丰富。绿矾和白矾得到普遍使用,充当重要的媒染剂。江南民众多用碇花、黄丹等草木灰代替矾充当媒染剂。《天工开物》记载,丝绸染色的色名共68种,并详细记录了近30种染色过程,其中从产于东北地区的鼠李(一种灌木)提取出的绿色,被国际上称为"中国绿"。

宋元明清时期,丝织品分为官营和民营两部分。宋元时称为"院""场""作",下设织染局、绫锦局。明代分为南北两京及内外染织局。清代有内染织局及江宁、苏州、杭州三处织造局。

四、丰富多样的丝织品

宋代的织锦(俗称宋锦)、元代的织金锦、明清两代的云锦,都是当时最名贵的丝织品。宋锦(见图1-10)产于苏州,元代后,多被作为皇帝赏赐给大臣的贵重物品,到清末主要用于装裱书画。

图1-10　刺绣方格地宝室瓣窠龙纹锦

织金锦(见图1-11)是以金缕或金箔切成的丝作纬线,或是把金箔包裹在纱线的外面,形成质地柔软的金丝,从而织成的锦。织金锦是元代最具特色的奢侈品之一,人称"金搭子",色彩明丽,备受游牧民族追捧。

图1-11　仿制的织金锦

云锦(见图1-12)形成于元代。南京云锦用料考究,织作精细,花纹瑰丽如云,并逐步脱离服饰方面的实用价值,而跻身于名贵艺术品。其代表品种库缎、库锦等长期独领风骚,至今仍享誉国内外。

图1-12　明定陵出土的织金孔雀羽团龙袍料

第二章
近现代丝绸工业

清代晚期,西方先进的丝织技术对我国产生了极大影响,不少实业界人士从西方引进新型的动力机器设备、新型的原料和工艺,并聘用西方技术人员,由此诞生了中国现代蚕桑丝绸业,形成了现代丝绸工业体系。

图2-1　近代丝绸工业厂房内景

第一节　近代丝绸业的起步

近代丝绸业的发展是以缫丝行业的迅速发展为代表的。缫丝业是近代工业中最早发端的行业之一,堪称近代民族工业的出口产业支柱。1842年,清政府签订《南京条约》,开放五大通商口岸,这些口岸凭借其优越的地理位置,很快成为中国生丝出口贸易的中心。从事生丝出口贸易的外国商人不满足于贩运生丝所获得的利润,逐步开始在中国设立缫丝厂,从而带动了缫丝业的发展。

一、近代缫丝业情况

1840年鸦片战争后,外国资本相继在华兴办工矿企业。外资或合资丝厂的建立是列强对中国进行侵略和掠夺的一项重要举措,但在客观上也带来了西方先进的工业技术、生产设备和经营管理模式,并催生了我国第一批近代丝绸企业,为中国丝绸业的全面近代化准备了条件。

中国近代丝绸工业起步于19世纪末的机器缫丝业。我国第一家机器缫丝厂由英国怡和洋行开办,1861年在上海设立纺丝局,初设丝车100部,1863年增加至200部,为中国第一家外资丝绸企业。当时正值意大利、法国等欧洲主要产丝国的微粒子病[①]暴发,养蚕业受到毁灭性打击,以致缫丝工厂关闭,丝织原料紧缺,引起恐慌。因中国的蚕茧市场尚未培育完善,收购渠道不畅,加之蚕茧在运输途中霉烂变质,纺丝局于1870年停办。

19世纪中叶以后,中国社会进入转型期,传统丝绸业面临变革。当时清政府中一部分当权官僚认识到国家"必先富而强",因此,在开展洋务运动的过程中除了兴办以"自强"为目的的军工企业外,还创办了一系列以"求富"为目的的民用企业,其中包括一批缫丝企业,其性质有官办、官督商办和官商合办等。

---

① 微粒子病又称为锈病,是由原生动物孢子虫纲的微孢子虫寄生而起的一类蚕的传染性原虫病。

1872年，陈启沅在广东南海县创办了我国第一家民族资本的丝绸企业——继昌隆缫丝厂。他采用自己设计制造的蒸汽缫丝机缫丝，出丝精美，获利丰厚。该厂成为近代中国第一家民族资本创办的真正意义上的工厂。

　　1896年，无锡人薛南溟和周舜卿在上海租界合办永泰丝厂，出产"月兔""地球""天坛"牌厂丝，质量一般，连年亏损。1926年，他们迁厂无锡，把缫丝工艺编为口诀，传授给操作人员。1929年，薛氏三子继承家业，将意大利式座缫车改为日本式立缫车，引进西方工厂管理模式。到1936年，薛氏联合无锡同业组成兴业制丝股份有限公司，租下30余家工厂，至此无锡永泰丝厂几乎垄断了无锡全部的蚕丝生产和销售，并集农、工、贸为一体，成为"无锡生丝大王"。

　　这些企业不仅采用先进的丝绸生产机械，而且仿照西方工厂的生产模式进行运作，形成了中国近代工业化生产体系。科学养蚕和蚕种改良改善了蚕的品种，杂交育种使得蚕茧的质量得以提高。机器缫丝起初采用意大利式和法国式座缫车，后改用日本式的立缫车，使生丝产量和质量均有了较大提高。此外，各种新型的人造纤维风靡一时，使生产原料发生了较大变化。19世纪，我国在丝织技术方面引进飞梭机，使双手投梭改成一手拉绳投梭，既加快了速度又加阔了门幅。此后又利用齿轮传动来完成送经和卷布动作。随着化学工业的发展，化学染料逐步取代了传统的植物染料，19世纪末，中国已经大量使用化学染料染色。

二、丝织业行会的嬗变

　　丝织业是以缫丝厂生产的生丝为原料，经过复杂的丝织织造技术生产出丝绸织物的行业。清朝末年，随着商业资本转向产业资本，以及丝织机械由木机向铁机的转变，丝织行业处于传统手工业向近代工业的转型期。此时的行会制度为丝织业的生产方式和经营方式提供了过渡性保障。

行会制度是随着封建社会内部商品经济的发展而产生的,同时又是商品生产不够充分、社会分工不够发达、商品市场不够广阔的产物。行会由同一城镇中的同业者或相关职业者所组成,主要功能之一是联合同业,与不利于自己的人事相抗衡;二是避免竞争,维护本行业共存共荣的垄断地位。在中国,苏州是行会制度发展较为成熟的一座城市,其中尤其以丝织手工业行会历史最为悠久,特点最为鲜明,作用最为显著。苏州的古代丝织业同行于北宋神宗元丰年(1078—1085)间建立的"机神庙",可以说是行会的雏形。元代元贞元年(1295),苏州丝织业同行在玄妙观建立"吴郡机业公所",成为行会会所。清道光二年(1822),由丝织、宋锦、纱缎业合建的"云锦公所"在祥符寺巷成立。清代以后,随着商品经济的繁荣、商品市场的扩大、劳动力市场的形成和商业资本向生产过程的渗透,行会组织成为手工业发展的桎梏。苏州丝织业行会极力维护小生产方式,竭力用严格的行规来限制竞争,从产品规格、数量、价码、市场到生产技术,以及开设铺店的规模和招收徒工的数目等几乎所有方面,都进行了硬性规定。不过到了鸦片战争以后,随着中国社会的深刻变化,苏州丝织业中的"账房"[①]势力急剧扩展,阶级对立日益加剧,行会已经越来越无法把各个不同阶级的人们包容在一起。云锦公所逐渐由丝织业的全行业组织向纱缎庄"账房"的同业组织演变。太平天国运动(1851—1864)失败后,云锦公所虽然重建,但是苏州丝织业中的"账房"商业资本已经在很大程度上控制生产过程,支配丝织手工业者,并逐步向工业资本转化,"账房"老板也逐渐向完全意义上的手工业资本家转变。越来越多的独立手工

---

① "账房"是将散放织机交给机工代织的一种形式。

者变为受"账房"控制的、实际上的雇佣工人。民国初年，苏州丝织业发生了一场产业革命，生产工具实现了由传统木机到新式铁机，再到电力织机的转变。那些"账房"老板中出现了购机设厂的热潮，使得商业资本或者手工业资本成功地转化为产业资本。1920年6月，苏州成立最早的两家铁机绸厂的老板——苏经绸厂的谢守祥和振亚绸厂的陆季皋联合致函政府，请求成立"苏州铁机丝织业同业会"。次年，该同业会正式成立。

值得注意的是中国丝织业传统生产经营模式的变化。千百年来，中国丝织业的主体一直是乡村农民的家庭副业生产和城镇手工业者的小商品生产。鸦片战争后，商业资本发放原料给机工代织成为江浙丝织中心区域占主导地位的生产经营方式，当然这仍然是一种分散的资本主义家庭劳动。在杭州、苏州、湖州、南京等地，一家机坊有两三架或四五架织机，生产方法非常笨拙，只有织工与助手的分工，一个织工应该会做织机上的一切工作，像农村里的织布工一样。机坊主也是徒弟的师父、织工的老板，还得兼做跑街和出店。织出的绸缎是在茶会上成交出售的，经过中间人去行销。民国以后，这种情形发生了变化。手拉提花机和电力织绸机的推广使用，要求丝织业的生产经营方式也必须发生相应的变化，分散的家庭生产开始逐渐向集中的工厂生产过渡。过去放料收绸的丝织业"账房"纷纷停止放料而自己主动建绸厂。一些机坊和机户也合资集股，联合办厂。丝织工厂在各地不断涌现，在苏州建立的工厂尤多，达50余家，例如：

苏经丝厂　　　　　　1895年

苏纶纱厂　　　　　　1895年

苏经纺织绸缎厂　　　1914年

广丰绸厂　　　　　　1915年

洽大绸厂　　　　　　1915年

振亚织物公司	1916年
延龄绸厂	1918年
东吴丝织厂	1919年
程裕源机织工厂	1919年
陇华绸厂	1920年
大陆绸厂	1920年

三、丝绸业由手工业转型民族工业的协同性

传统社会中的手工业带有很大的自给性，通常认为手工业阻碍近代工业开辟农村市场，与机器工业的发展是竞争和对抗关系。实际上丝绸传统手工业之于民族工业的发展，促进、协同的方面是主要的。

首先，原料市场进一步扩大。在厂丝取代土丝后，丝绸手工业的家庭作坊同样大量使用工业产品作为原料或工具，广大农村直接成为近代工业的市场。例如，由于地理位置靠近上海，以杭州、苏州为中心的江南传统产丝区域很快成为中国生丝出口贸易的中心区域。

其次，代表先进生产力的机器制造业前景广阔。丝绸手工业业主也在主动接受新鲜事物。中国一些农村出现了由手工生产向机器生产的过渡，江南的丝织业以及北方的棉织业、轧花业所需的工具机，已经不能再由乡村木匠制造，因而出现了对机器制造业的巨大市场需求。

再次，农村市场购买力的提高，商品消费意识逐步形成。以丝绸业为代表的农村手工业，不断融入近代工业市场，实际上提高了手工业者的收入，增强了手工业者的购买能力。纺织品是一种弹性很大的消费品，贫困的农民只能满足于一件粗布衣服穿几年甚至十几年，而一旦生活水平提高，他们对纺织品的数量和品种的需求都会增加。农民家庭会尽可能为老人置办一身丝绸衣服，至少也要置备细薄平滑、色泽美观的丝绸寿衣。丝绸、洋布的消费习惯形成以后,大量的日用工业品、近代农业机械、化肥和农药等工业商品才逐步被广大农村接受。

第二节　近代民族工业的兴起与发展

20世纪初,在丝织技术方面,我国进一步采用铁木机和电力织机,织机大多为铁制,动力由电力驱动。在提花织机方面,则引进木制贾卡式纹板提花机,后又逐渐扩大了针数并将机身改为铁制。这些设备的更替,标志着近代丝织技术的引进。

20世纪初,我国民族资本家设厂进行机器染色,先染各色丝线,后染布匹。30年代机器印染在我国出现,先采用滚筒印花机,后采用平网印花机。印花工业也由水印发展为浆印,与此相配合的蒸化、水洗以及整理工艺也得到完善。

中国的丝织业针织以厂丝取代土丝,是从民国初年以后开始的。仅仅浙江一省,厂丝产量由1917年的42.5吨猛增到1917年的395.4吨,增长将近10倍。虽然生产出的厂丝大多推销给国外商行,但也有相当数量的厂丝在国内市场上销售,而农家土丝的来源则日渐萎缩。另一方面,新式织机的推广应用,对丝织原料提出了新的要求,这就促使中国传统丝织业开始抛弃沿用了数千年的土丝,寻找新的适用原料,首先是选择和接受现成的厂丝。1913年以后,浙江各地绸厂陆续采用厂丝作为原料,可以说这是民国初年中国传统丝织业生产原料的第一次新陈代谢。

20世纪20年代以后,各地开设的绸厂更多,随着电力织绸机在各地的使用、推广和普及,手拉提花机被排挤和取代,这些手工工厂也就转化为名副其实的丝织厂。根据不完全统计,到1926年年底,新式丝织厂上海有近200家,苏州有59家,杭州有100多家,湖州有60余家,宁波有4家,盛泽有10家,其他各地也都出现了数量不一、规模不等的新式丝织工厂。在江浙沪丝绸主要产地的大中城市里,这些新式绸厂已经取代了传统的"账房""机坊"的地位,成为中国丝绸业生产经营的主导方式,开始制定出一些比较严格的规约章程,建立起比较完善的管理制度。上海成立了物华、美亚、锦云等大型丝织厂,如1920年由留美学生蔡声白主持的上海美亚织绸厂,拥有11个绸厂,1个经纬厂,附属纹制厂、美艺染练厂、织物研究所等,员工共计4000余人,是当时中国丝织行业规模最大、实力最强、名声最好的丝绸厂。

一、清末"新政"引发丝厂投资热潮(1900—1911)

1901年《辛丑条约》签订后,在内外交困的形势下,清政府被迫出台了一系列"新政",奖励工商实业。1905年,以上海为代表,逐步掀起了抵制美货的运动,美国输华的大宗货物销路大减,从而促进了我国民族工业的发展。另外,1909年,欧洲主要产丝国意大利发生地震,生丝产量锐减,国际市场生丝价格上涨,刺激了我国生丝出口的迅速增长,同时也刺激了缫丝业的发展,一定程度上出现了民族资本开设丝厂的热潮,丝厂数量和丝车数量均大幅度增加。

二、民国初期的快速发展期(1912—1929)

1912年,南京临时政府成立后十分重视兴办实业,新成立的实业部制定了《商业注册章程》,规定商人呈请开办厂矿的条件为"资本实在,无纠葛,即予照准"。奖励实业政策的颁布,带来了缫丝业的快速发展。以上海为例,缫丝厂在3年间由46家迅速增加到57家,而且新增的11家均为华商投资创办。

首先,民国初年国外手拉织机及其织造工艺的引进和推广,使得苏杭丝织业"账房"式经营的分散性织造发生转变,催生了第一批集中生产的资本主义工场。大约5年后,电力织机的引进,以及城市电力等公用设施的完善,又使丝织业迈向机器生产,并超过缫丝业成为丝绸行业的老大,进而带动由缫丝、染整及其他辅助行业构成的整个丝绸业迅速成为苏州、杭州、湖州、周村、安东、盛泽等地的支柱产业。经过十几年的发展,中国丝织业从传统手工织机生产过渡到拉梭织机生产,再到电力织机生产,逐步从手工工场发展到工厂,完成了向近代化的转变。

其次,原料和丝织物品种迅速增加,特别是20世纪初,人造丝的传入对丰富织物品种起到了极其重要的作用。人造丝最初仅用于织带及制作流苏,继而用于织绸,大获成功。人造丝与桑蚕丝交织而成的绸缎,如巴黎缎、花香缎、锦地绉等正适合当时追求时髦的妇女缝制旗袍、衫裙之用。人造丝既丰富了丝绸品种,又对缫丝工业和手工丝织业,特别是柞蚕丝织业产生了一定的冲击。

再次,民国初年的服制改革对传统丝织业既造成冲击,又促进其发展。民国初年的《服制案》,对男女礼服和公务人员服装的料质、样式和颜色做出了规定,其中男装为西服与长袍马褂并用,导致呢绒大量进口,丝绸销量锐减。各地丝织业同业组织一边派代表向参议院请愿,提出以本国丝绸、棉布作原料为好,一边着意变革,更新品种。苏浙地区试织出可充西装面料的"丝呢",江苏称"文华丝呢",浙江称"纬成丝呢",皆以棉纱与捻丝交织,质地厚,价格低,销路大开。

三、民国中期波折期(1930—1937)

1929年,资本主义国家爆发了世界性经济危机,国际市场丝价大幅下跌。世界经济危机波及我国丝业,茧价、丝价暴跌,丝市萎缩,丝厂倒闭,缫丝行业受到沉重打击,呈现一派萧瑟景象,史称中国的"丝业危机"。同时,日本人造丝又被大量武装走私到我国,夺占了相当一

部分市场。

1931年"九一八"事变后,东北全境被日本侵占,关外丝绸销路断绝,对江浙丝绸业和上海口岸的对外丝绸贸易造成重大打击,加剧了绸业危机。直到1934年下半年,世界经济逐渐走出危机阴影,欧美市场生丝消费回暖,丝价回升,才逐渐带动中国缫丝业的逐步活跃。1936—1937年,上海丝绸出口增加,丝织业雄居全国之首,缫丝业仅次于广东,绢纺、染整及丝绸机械数位居全国前列。此时,上海成为中国最大的丝绸工业基地。

四、内外战争衰落期(1937—1949)

抗日战争时期,全国丝绸行业损失惨重。江、浙、沪、鲁等重点丝绸产区的丝绸企业在沦陷之初或毁于战火,或被日军强占,并掠走机器设备,多数企业被迫停产。桑园场圃、院校和科研机构被破坏或被迫内迁。日军在桑区交通线及主要航道两侧大肆砍伐桑树以防止游击队袭击,导致农村破产,大片桑园荒芜。日伪华中蚕丝公司实行"统治",垄断江、浙、皖蚕种、蚕茧、缫丝、丝织业的生产与流通,变本加厉地掠夺我国的丝绸资源。丝绸生产仅仅在大后方四川、云南、新疆有所发展。

抗战胜利后,丝绸业各机构返迁原址,进行了整顿和改组。1946年6月解放战争爆发,社会秩序混乱,经济情况恶化,全国丝绸业振兴无望,再度陷入衰退。一是通货膨胀,物价飞涨,致使原料价格、工资、电费随之上涨。而金融拆借又导致黑市利率暴涨,丝织业受到高利贷、高工资重压,举步维艰。二是人造丝和厂丝原料紧缺。丝织业用丝必须向政府申请,还得不到足额。三是税捐奇重。税额较以前上升了10倍,除了正税外,还有各种强行摊派。四是销售不畅。外销因战争成本高,出口少利;内销由于战区扩大,购买力萎缩。

第三节 现代丝绸工业发展概况

1949年新中国成立以后，中国丝绸生产的发展受到国内政治经济体制变革、国际丝绸市场形势以及国内丝绸消费变化等多重影响，有时快速增长，有时低迷徘徊，但总体上是不断发展的。由于丝绸行业对国际市场的依存度特别大，因此丝绸生产形势与国民经济的总体发展并不完全合拍。如"文革"期间，国内工农业生产衰退，但丝绸生产由于国际市场需求增加和日本丝绸业的衰退而呈现稳定增长的态势。反之，1992年以后国民经济迅速发展，丝绸生产却由于多种原因走向低迷。

一、国家主导发展期（1949—1963）

中华人民共和国成立后，政府重点抓财经收支平衡，开始振兴工商业，在农村开展土地改革运动，力争重点产区蚕茧丰收。1953年11月，朱德委员长亲自参加全国桑柞蚕生产工作会议，并确定大力发展蚕丝生产的方针。1955年1月，《人民日报》发表了《大力发展蚕丝生产》的社论。1956年，在苏联的援建下成立大型丝绸工业企业——杭州丝绸联合厂，引进自动缫丝机。中国丝绸产品主要面向苏联和东欧等社会主义国家出口。这一时期，丝绸产品研发和创新得到了各级部门的重视，丝绸工业的发展受人瞩目。

1958年，第二个五年计划开始实施，国家提出"鼓足干劲，力争上游，多快好省地建设社会主义"总路线，进入"大跃进"时期。丝绸行业在浮夸风的影响下片面追求高速度、高产量，提出不切实际的高指标——桑蚕高产放卫星，亩产"双千斤桑、双百斤茧"。丝绸厂不顾机器设备的限制，将织机开到极限，只求产量，不顾质量。1960年中苏关

系破裂,大量援建项目停建,丝绸行业深受影响。

自1963年起,经过国民经济的三年调整,丝绸生产开始从艰难中恢复。"文革"期间,在极左路线指导下,丝绸被认为是奢侈品,丝绸生产被认为是为资产阶级服务的,有的地方片面强调"以粮为纲",造成1969年冬季相对集中的毁坏桑田高峰,同年浙江省因毁坏桑树损失的桑园面积达14770亩。

二、稳定增长机遇期(1964—1995)

1971年《中美上海联合公报》发表后,中国对欧美国家丝绸出口的宏观环境得到改善。20世纪70年代中期,由于日元升值和中东石油危机的影响,日本蚕桑业的衰退进一步加剧,从而为中国蚕业的发展提供了良机。1970年,我国蚕茧生产量首次超过日本,成为世界第一大蚕茧生产国。

党的十一届三中全会以后,国家提高了农产品收购价格,蚕茧收购价格大幅度提升,加之家庭联产承包责任制的实施,提高了蚕农的生产积极性,丝绸行业步入最快发展阶段。1979年,我国桑蚕茧生产获得新中国成立30年以来的最高产量,达21万吨。1982年,作为国民经济管理体制改革的一种尝试,贸、工、农合一的对全国生产和销售出口业务实行一体化经营管理的"中国丝绸公司"成立。同时,国家每年拨出1亿元资金,利用补偿贸易的方式引进新技术,对丝绸企业进行技术改造。

从1986年下半年开始,国际丝绸市场突然热销,丝绸出口获利丰厚,致使国内丝绸货源供不应求,并导致了"蚕茧大战"的爆发,即1988年前后发生在浙、苏、皖并席卷全国蚕茧产区的蚕茧抢购风潮。当时由丝绸公司统一收购的计划经济体制受到国有丝绸企业、乡镇丝绸企业、其他经营机构及个体户、小商贩插手抢购和倒卖蚕茧的强烈冲击,每担价格由206—280元猛涨到350—360元,最高达到430元,比国家规定高出60%—100%。

三、市场经济徘徊发展期(1996年至今)

20世纪90年代,随着丝绸热的逐渐消退,丝绸业进入低谷。"蚕茧大战"的硝烟散尽,丝绸出口单价不断走低,真丝绸作为纤维皇后的华贵形象严重受损。丝绸服装档次低,供过于求,国际丝绸市场逐渐饱和,进一步加剧了各出口公司的低价竞销和无序竞争。1995年,东南亚经济危机爆发,丝绸出口萎缩,丝绸行业雪上加霜。1997年,国务院开始整顿缫丝、绢纺能力,压缩落后缫丝加工设备,关、停、并、转部分规模小、设备落后、质量差、消耗大的企业,并暂停新增缫丝绢纺加工能力。原1460家缫丝企业,经过三批审核发放,仅有855家缫丝企业获得准产证书,生产能力减少30%。我国的丝绸产品出口额在1999年降到22.23亿美元,比1995年的31.18亿美元减少28.7%。2000年,我国生产桑蚕丝5.12万吨,比1995的7.79万吨减少34.27%,丝织品产量减少28.81%。

2013年以来,国际市场需求持续缓慢,国内经济结构调整,导致茧丝绸行业经济增速放缓,外贸出口持续下滑,行业运行经受较大下行压力。但在2013—2014年期间,丝绸行业基本保持了稳定的发展态势。2013年,据国家统计局对392家规模以上缫丝绢纺企业统计,丝产量13.71万吨,同比增长3.52%。2014年,据国家统计局对415家规模以上缫丝绢纺企业统计,丝产量16.73万吨,同比增长6.85%。近年来,我国丝绸商品出口持续低迷不振,据中国海关统计,2013年全国真丝绸商品出口35.38亿美元,同比增长3.02%。2014年,全国真丝绸商品出口31.38亿美元,同比2013年下降11.29%。

第四节 我国丝绸工业的现状及发展方向

一、我国丝绸工业基本状况

据《中国丝绸年鉴》2014、2015年统计数据显示,我国的蚕桑生产基本平稳,桑园面积在1250万亩左右,发种量1630万张左右,蚕茧产量64万吨左右,蚕茧收购量在59万吨左右,蚕茧收购均价在1800—2001元/担。近两年来,我国的丝绸工业生产基本稳定,丝绸主要产品产量基本持平,丝产量有所增长,然而绸缎及蚕丝被产量有所下降。据国家统计局统计,包括缫丝、丝织加工、丝印染加工在内的丝绸全行业主营业务2013年的收入1275.96亿元,同比增长13.11%;利润71.9亿元,同比增长13.86%。2013年全行业利润继续实现稳定增长,但增速较2012年同期下降了16个百分点。2014年,全行业规模以上企业主营业务收入1281.29亿元,同比增长6.79%;利润69.58亿元,同比增长4.68%。总体来看,2014年全行业主营业务增速较2013年回落6.32个百分点;行业利润增速较2013年同期下降了9.18个百分点。在出口方面,包括生丝、真丝绸缎、丝绸服装和制品等丝绸商品在2013年的出口金额同比增长3.02%。除真丝绸服装外,其余商品的出口数量都呈下降趋势。2014年,除梭织服装外,全国真丝绸商品的出口金额和出口数量都同比下降。近两年来,丝绸进口贸易有增有降,茧丝价格震荡下行,2013年年底干茧和生丝价格分别较2012年同期下跌2.20%和1.59%。2014年,受国际市场需求不振、丝绸外贸出口受阻、生丝产品库存增大等因素影响,茧丝价格持续下行。至2014年年底,干茧及生丝的价格较2013年同期下跌11.77%和12.12%。

文化丝绸
wenhua sichou

2013—2014年，随着国内扩大内需战略的深入实施，国内市场体系不断健全，市场秩序不断完善，市场潜力不断得到挖掘和拓展。在国内经济新常态大背景下，丝绸行业也涌现出一些亮点。一是自主品牌建设不断加强。2013年在被调查的60家样本企业中，约有70%的企业拥有1个自主品牌，22%的企业拥有2个自主品牌，8%的企业拥有3个或以上自主品牌。其中还有20%左右的企业获得"中国驰名商标"的称号。丝绸企业通过整合优势资源，建立茧丝绸一体化技术创新平台，行业的整体技术装备、自主创新能力以及产品质量不断提高，具有中国特色、体现中国文化和丝绸技艺水平的丝绸自主品牌更是不断壮大，丝绸行业自主品牌的数量与规模逐渐增长，并成为国内丝绸产品消费市场的主体。二是行业科技工作持续推进。2013年和2014年，丝绸行业有十余个项目获得"纺织之光"科技奖项。此外，在"十二五"期间，真丝数码织造、计算机智能测配色、数码喷墨印花、缫丝废水零排放等先进技术在行业内得到大面积推广应用，企业生产效率和技术水平不断提高。三是丝绸新产品开发成效显著。2014年，举世瞩目的亚太经合组织（APEC）峰会在北京隆重召开，各国领导人所着的"新中装"赢得了世界的高度关注，其面料就是由江苏、浙江著名丝绸企业开发的。四是营销渠道拓展多点开花。全国大批丝绸骨干企业纷纷投资建立丝绸专营店，竭力打造规模化高端丝绸品牌新形象，有效地带动了企业产品销售增长。电子商务悄然成为内销市场新渠道，约有60%的丝绸企业已经在一些电商销售平台开设了品牌网店，初步估算全行业网上销售额超过10亿元。五是行业自律不断加强。毛脚茧泛滥问题及困扰缫丝行业多年的"高征低扣"问题取得了突破性进展，大大减轻了缫丝企业的赋税压力。

二、行业发展面临的形势及重点发展方向

近年来,我国丝绸行业经济运行基本平稳,但新常态下行业发展依然面临诸多挑战,主要有以下几个方面:一是经济增长逐步减速换挡;二是丝绸内外销形势复杂严峻;三是丝绸面临多重纤维挑战;四是企业生产经营艰难成为新常态;五是生产要素比较优势削弱;六是行业节能减排形势日趋严峻。

鉴于当前行业在原料供应、终端产品加工、产业布局、科技创新、企业转型升级等方面仍客观存在着诸多结构性的矛盾和问题,如何进一步"调结构、创品牌、促升级"是未来一段时期行业亟待解决的问题,应重点做好以下几个方面的工作:

一是积极拓展内销市场。结合目前消费者对丝绸产品时尚性、功能性、生态安全性、快捷消费等方面高品质要求,通过加强市场调研,完善线上线下营销渠道,同时紧紧把握内销市场潮流趋势,加大对适销对路产品的研发设计力度,以差异化、个性化产品替代同质化竞争,以品牌优势赢得市场定价话语权,才能更好地适应内销市场发展的需要。

二是巩固扩大国际市场。当前我国丝绸行业成本比较优势显著下降,参与国际竞争的压力凸显,需要通过参与跨国研发设计、品牌渠道和原料及加工基地建设,以及高水平技术、人才引进等方式,加快培育和创造新的国际竞争优势,彻底改变过去主要依赖生丝、坯绸等原料性产品出口,逐步提高丝绸服装及制品等高附加值终端产品出口的比重,有效稳定传统丝绸国际市场份额。

三是坚持创新驱动行业转型升级。包括技术创新和经营管理模式创新,此外,还要在科技进步、产品开发、品牌建设、企业管理等重点领域加大投入,逐步完善创新体制和人才队伍培养机制,不断塑造企业核心竞争优势,使之成为驱动行业转型升级的新引擎。

四是主动适应行业经济发展新常态。丝绸作为传统民族产业,也是劳动密集型产业,随着"互联网+""智能制造""工业4.0"时代的逐步融合,未来行业发展低速稳定增长成为新常态。全行业要深入挖掘丝绸文化内涵,把文化传承、科技进步、品牌建设、人才培养等发展战略重点落到实处,有针对性地化解内在结构性矛盾,把握好国内外经济发展趋势和方向,努力从自身转型升级中获取更大的发展空间。同时,要紧紧抓住国家"一带一路"倡议的历史机遇,不断改革创新,增加内生"造血"功能,力争在新的历史阶段实现可持续发展。

第三章
丝绸传统工艺

如今,中国传统文化虽然已经重新引起了人们的关注,并且不断地通过申请世界物质文化遗产或非物质文化遗产以期得到保护,却依然改变不了为绝大多数国人逐渐淡忘这一现实。许多过去的文明现今却只能在博物馆里看见,传统文化逐渐被舶来文化所取代。但是中华民族五千年的文明源远流长,中国传统文化中有着几千年的智慧沉淀,更有着一个民族文化的传承。丝绸传统工艺植根于中华五千年的

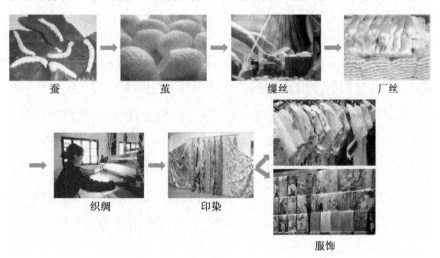

图3-1 从养蚕到服饰成品的一般过程

文化底蕴，反映了中华文明的精神，时至今日，依然在向世人展示中华文化的风采。

第一节　栽桑·养蚕·吐丝·结茧

一、桑

桑树是多年生木本植物，落叶树种，主要分布在温带和亚热带地区，以亚洲最多。我国大陆地区除了西藏、青海、天津外，其他省、市均有蚕桑生产。长江三角洲、四川盆地、珠江三角洲的自然条件最适合栽桑养蚕。桑树主要有四大品种：鲁桑（山东）、白桑（新疆）、山桑（山西格鲁桑）、广东桑。

桑树栽培分有性繁殖和无性繁殖两种。有性繁殖即种子繁殖，是用桑籽播种育成实生苗，一般作为嫁接用砧木。无性繁殖是利用桑树营养器官（枝条和桑根）较强的再生能力进行繁殖，如嫁接、扦插、压条等方法，蚕桑的优良苗木繁殖一般用无性繁殖。自然生的桑树为乔木，采叶管理不便，一般其树型经过人工剪定[①]养成，不论树型是高干、中干、低干还是地桑，在栽植当时或发芽之前都要按培养树型的要求剪去苗干，其后剪定养成树型。江苏桑树剪定有两大类，一类是"拳式"剪定，另一类是"无拳式"剪定。"拳式"剪定，就是桑园投产以后，每年夏伐剪条时都在同一部位剪去桑条，这一部位便逐渐形成固定的拳头样"桑拳"。"无拳式"剪定，就是桑园投产以后，不都是固定在同一个部位伐条，而是两三年在同一个部位伐条后再提高一截伐条，这样一层层地提高上去，形不成固定的"桑拳"，而是成为类似楼房的样

[①]　"剪定"是养成不同树型的一种技术手段。

子。我国华南地区以地桑为主,华北地区以中、高干桑为主,华东地区以低干桑为主。正常情况下,桑树春季的新梢每3—4天长新叶一片,叶片从开叶到成熟约20—25天。桑叶是家蚕唯一的食用植物。桑叶由于富含生物碱成分,还可以制作成茶叶,作为抗癌保健品;桑葚是桑树的果实,历史上曾经作为皇家补品;桑皮可被中医入药,有止血、润肺、止咳的功效,还有淡化疤痕、利水消肿之功效;桑条是桑树嫩枝,可以制酒或入药,也可以作为造纸的原料。

二、蚕

蚕按种类可分为家蚕(即桑蚕)和野蚕,野蚕又包含柞蚕、天蚕、樟蚕等十几个品种,通常绸缎所用的原料是家蚕丝。家蚕是以桑叶为食料的分泌丝的昆虫,属于完全变态的昆虫。一生经历卵、幼虫(蚕儿)、蛹、成虫(蚕蛾)四个形态和机能完全不同的发育阶段。卵是胚胎发生、发育形成幼虫的阶段。刚从蚕卵孵出的幼虫,形态似蚂蚁,称为蚁蚕。蚁蚕以桑叶为食,摄取营养,不断生长发育,体色逐渐由黑褐色转变为青白色。蚁蚕几天后便不吃不动,蜕去旧皮,换上新皮,称为"眠"。这种在生长过程中多次停止食桑、就眠、蜕皮的遗传特性,称为蚕的眠性,它是影响蚕茧质量和产量的重要生理现象。我国现行普遍饲育的属四眠性蚕品种,在实际饲育过程中有时会出现少量的三眠蚕或五眠蚕。人们以蚕的幼虫从孵化到结茧要经过的就眠蜕皮次数来计算其"年龄",幼虫每结束一次眠期,蜕去旧皮以后,便开始进入新的龄期。从蚁蚕到第一次就眠蜕皮叫作第1龄,第一次蜕皮以后,开始食桑到第二次就眠蜕皮叫作第2龄。以此类推,第四次就眠蜕皮后进入第5龄。幼虫到5龄末期,逐渐老熟,吐丝结茧,约经2—3天吐丝结束在茧内化蛹。蛹期经过13—15天便羽化成虫,随即交配产卵,完成一个世代。整个世代约60天,其中只有幼虫期间摄食桑叶,从孵化至吐丝结茧经历22—26天。

三、茧

茧由茧衣、茧层、蛹体和蜕皮四部分组成。茧衣是茧子表层的棉状茧丝，是蚕在蔟中寻找合适结茧场所及在构成茧子轮廓时吐出的凌乱疏松的丝。茧衣中的茧丝不能缫丝。茧衣结成后，蚕在茧衣内继续吐丝，这时蚕的头部摆动和身体移动都较有规律，使吐出的丝有规则地排列起来。大约每吐15—25个丝圈形成一个茧片，再转移位置吐成另一茧片。如此连续吐丝，很多茧片层层重叠，形成茧层。茧层可用来缫丝。当吐丝接近终了时，蚕体缩小，丝物质的分泌量显著减少，吐丝速度逐渐缓慢，头部摆动已无规律，使丝缕重叠成比较紊乱、松软的薄层。这是茧层的最内层部分，是保护蛹体的衬垫，称为蛹衣或蛹衬。至此，蚕吐丝结茧完成。以后，蚕就在茧内蜕去蚕皮化蛹。初期的蛹，体色乳白，体皮柔嫩。随着蛹的发育，体皮逐渐变硬，皮色也由乳白渐变为淡黄、黄色、黄褐色，最后成茶褐色。蛹体和蜕皮都在茧腔内部。缫丝用的原料茧，是由鲜茧干燥后得到的。蚕茧干燥过程俗称"烘茧"，是蚕茧加工的第一道工序，一般是利用热能杀死茧内活蛹，并除去适量的水分，把鲜茧烘成干茧，保全茧质，便于长期储藏。

茧的外观性状是鉴定茧质量的重要依据，其与制丝工艺关系密切。外观性状良好的茧，可以提高缫丝的质量。茧的外观性状是指茧的形状和大小、茧的颜色和光泽等指标。茧的形状通常有圆形、椭圆形、束腰形、尖头形和纺锤形。中国蚕茧多圆形、椭圆形和尖头形。蚕茧颜色一般为白色、黄色，此外还有淡绿、粉红、乳黄等多种茧色。一般茧色为洁白，光泽正常。色泽不一的茧子，不仅解舒[①]差，而且容易

[①] "解舒"是指缫丝时蚕丝从茧层离解的难易程度，是衡量茧质的重要指标。

产生夹花丝。一粒茧可缫制的丝最长可达到1000—1400米。

四、丝

以桑蚕茧为原料缫制的蚕丝叫生丝。经过缫丝厂机械设备缫制的生丝叫作厂丝或白厂丝，用手工土法缫制的生丝叫作土丝。生丝经过精练脱胶或进一步染色而成的丝，叫作熟丝。熟丝通常作为色织、刺绣等工艺的原料。熟丝比生丝的相对强度要大。我国丝产业以浙江、江苏、四川等10个省市为重心，其丝产量占全国的90%。

蚕丝（此部分蚕丝是指茧丝）主要由丝素和丝胶组成，还包含少量的蜡、碳水化合物、色素以及无机物等。在普通显微镜下观察，蚕丝的截面形状近似半椭圆形或略呈圆形的三角形（见图3-2），是由两根平行的丝素单丝经由外层的丝胶黏合而成。从不同化学成分的含量上看，蚕丝中约含75%的丝素，20%的丝胶，以及5%左右的其他物质。丝素是构成蚕丝纤维的基本物质，其性能很大程度上决定了蚕丝及丝织物的性能。蚕丝是一种蛋白质纤维，具有良好的吸湿、散湿性能和含气、透气性能。因此，丝织物具有良好的穿着舒适性。蚕丝的近似三角形截面，也使丝织物具有独特的光泽。此外，丝织物还具有独特的"丝鸣"①特性。丝织物在长期保存或暴晒的情况下，容易变黄、脆化或褪色。

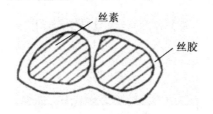

图3-2 蚕丝（茧丝）截面图

---

① "丝鸣"是指真丝摩擦时振动所发出的鸣音。

第二节 煮茧·缫丝·织绸

丝绸织物所用的原料是蚕丝,我们通过制丝工艺获得可用于织造的蚕丝。制丝工艺包括混茧、剥茧、选茧、煮茧、缫丝、复摇、整理、包装以及检验。简单来说,混茧是将各庄口①的蚕茧混合;剥茧是剥去茧衣;选茧是对原料茧进行分类分级,即将上茧、次茧、下茧进行分类;煮茧是把蚕茧煮成熟茧供缫丝用;缫丝是将煮熟的茧索出绪丝,按设计规格和品位缫成生丝;复摇是将缫丝的小籰②丝返成大籰丝绞或摇到筒管上,即整理加工成绞装丝或筒装丝(见图3-3);整理是将复摇后的大籰丝片进行平衡和编丝成绞;包装是将绞装丝或筒装丝打包;检验是根据国家标准,确定生丝等级。其中,煮茧和缫丝是制丝工艺中比较关键的步骤,本节将对这两个步骤进行详细介绍。

图3-3　绞装丝(A)和筒装丝(B)

一、煮茧

煮茧是利用水、热和化学药剂等的作用,使茧丝外围的丝胶膨润、

---

① "庄口"是指蚕茧的行销地或贩卖地。
② "籰",一种收丝的器具。

软化并适当溶解,以减小茧丝间的胶着力,保护茧丝薄弱环节,便于索取绪丝,使茧丝能连续不断地顺序舒展离解,有利于缫丝,同时可使茧丝在组成生丝时黏合紧密,增强抱合力。

煮茧的方法很多。按煮茧的设备分,有锅煮和机煮;按煮茧的沉浮分,有浮煮、沉煮和半沉煮;按煮茧的介质分,有水煮、蒸煮、化学药剂辅助煮茧和电磁波辅助煮茧等;按煮茧时使用的压力大小分,有常压煮茧、加压煮茧和减压煮茧。不同的煮茧方式都有共同的规律,一般要经历四个过程:一是渗透,给予茧层必要的水分。二是煮熟,给予茧层丝胶膨化软和所必需的能量。三是调整,对茧的煮熟程度和浮沉程度进行调整。四是保护,稳定茧层丝胶的膨化软和程度。上述四个过程相互间既有各自独立的职能,又有相辅相成和互相制约的作用。渗透是基础,煮熟是关键,调整是为了提高,保护是为了完善。渗透贯穿于煮茧的全过程,膨化软和丝胶的作用不仅产生于煮熟过程,同样存在于调整过程,甚至也存在于渗透过程。

国内缫丝厂主要使用循环式蒸汽煮茧机、圆盘煮茧机、真空渗透煮茧机进行煮茧。煮茧工艺要求在渗透、煮熟、调整及保护各阶段控制好温度、pH 值及压力。对煮熟茧质量的要求包括:① 茧与茧之间以及每粒茧的外、中、内各茧层要均匀煮熟,防止表煮、斑煮、偏生、偏熟和产生瘪茧、汤茧。② 茧层丝胶溶失量要适度,要防止产生颣节[1],提高出丝率、生丝净度。③ 茧腔吸水量适当,煮熟茧的浮沉度必须适合缫丝工艺的要求。概括来讲,要求煮熟茧应渗透完全、煮熟均匀,适合缫丝。

煮茧是制丝过程中的一道关键性工序,煮茧质量的好坏除了能直接影响到缫折、解舒,还能影响偏差、清洁、洁净、生丝抱合等与生丝质

---

① "颣节",指丝上的疙瘩。

量相关的各项指标。当然,煮茧也会影响生丝的平均纤度。究其原因,一般是从煮茧改善解舒的角度去分析,认为煮茧后解舒好了,内层落绪减少,内层茧丝利用率提高,从而降低生丝平均纤度。

二、缫丝

缫丝是制丝过程的一个主要工序,是将煮熟茧通过索出绪丝,理得绪丝头后,按设计产品的纤度规格要求,将数根茧丝并合,通过集绪器和丝鞘的作用,抱合形成丝条,而后通过卷装和干燥作用形成小卷丝片。缫丝分为索绪、理绪、添绪、集绪、捻鞘、卷绕、干燥等过程。

原始的缫丝方法(见图3-4),是将蚕茧浸在热汤盆中,用手抽丝,卷绕于丝筐上。盆、筐就是原始的缫丝器具。手工缫丝器具屡经历代改进,至清末,江浙地区出现一种木制脚踏缫丝车,在机架、集绪、捻鞘、卷绕部分均做了重要改进,除传动部件外,颇似近代的缫丝机。现在缫丝厂广泛采用的是立缫机和自动缫丝机两种。立缫机也叫立缫车,由机架、台面、索绪装置、接绪装置、鞘丝装置、卷丝装置、络交装

图3-4 土法缫丝

置、干燥装置、管路和变速装置组成。后来,立缫机逐渐被自动缫丝机取代。自动缫丝机由索绪机构、输送带装置、电动机、蒸汽烘管、无级变速箱、络交箱、绪丝切断器、理绪机构、新茧补给装置、分离机、感知探索装置、落茧捕集器、给茧机、自动加茧机和索理绪锅等组成(见图3-5)。自动缫丝机与立缫机部分装置大同小异,加工原理也无多大差别,主要差别在于立缫机上的手工操作,如索绪、理绪、添绪和拾落绪茧与蛹衬等,在自动缫丝机上大多由机械代替。此外,自动缫丝机的一个主要特征是通过生丝纤度要求发出添绪信号,给茧机接收到此信号时,即将正绪茧送入缫丝槽,通过自动控制系统完成添绪。

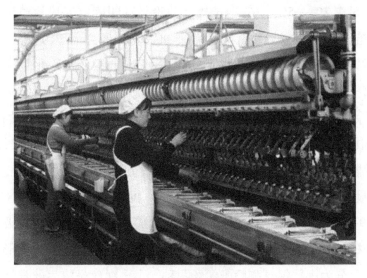

图3-5 自动缫丝机

自动缫丝机按感知器的形式可分为定粒式自动缫丝机和定纤式自动缫丝机。定粒式自动缫丝机是通过定粒式纤度感知器来保持茧粒数为定值,从而达到控制生丝纤度的目的。定纤式自动缫丝机是采用纤度感知器控制与生丝纤度有关的物理量,实现纤度控制的目的。比如,一旦生丝低于目的纤度,感知器就会发出独立的感知信号,使给茧机自动给茧添绪①。

自动缫丝的工艺设计包含以下几个方面：① 原料茧的选用。即剔除特大特小茧子。② 生丝纤度设计。即按规格要求,掌握设计与实缫、实缫与局验两个差距来设计中心纤度和允许范围。③ 等级设计。以匀二度变化为主,在清洁、洁净等主要指标符合分级标准的基础上进行设计。④ 产量设计。在设计等级的基础上,参考解舒丝长和添绪次数,结合缫簧运转率、索理绪供应能力和操作水平等因素,进行产量设计。⑤ 缫折②设计。采用平均粒茧落绪次数与解舒缫折递增率的回归方程式进行计算,计算时要结合工艺条件和操作工技术水平,一般在2%—5%。⑥ 给茧机参数设计。即确定每只给茧机的最大容茧量。⑦ 试缫验证。为了验证初步设计是否合理,并进一步掌握原料茧的性能,需选择机械运转正常、工人的操作水平平均先进的小组,按初定的工艺设计方案,进行试缫。

除上述提到的按缫丝机类型分的立缫和自动缫之外,缫丝的方法还有很多。按缫丝时蚕茧沉浮的不同,可分为浮茧缫丝、半沉茧缫丝、沉茧缫丝三种。蚕茧的浮沉主要取决于煮茧后茧腔内吸水量的多少。茧腔吸水量少,则缫丝时茧子全部浮在汤面上。茧腔吸水量多(一般达到97%以上),则茧子在落绪后能沉于缫丝锅底。而当茧腔吸水量在95%—97%时,茧子能在缫丝汤中呈半沉状态。按生丝卷绕形式的不同,可分为小簧缫丝和筒子缫丝两种。小簧缫丝是将生丝卷绕在小簧片上,然后返到周长为1.5米的大簧片上,再做成绞装形式。筒子缫丝是卷绕成筒装形式。

---

① "绪"表示每粒茧的茧丝头。

② "缫折"指缫一定量的生丝所耗用的原料茧量,单位为公斤或吨;也指耗用茧量对缫得丝量的百分比,单位%。

三、织绸

通过煮茧、缫丝等步骤获得生丝是进行织绸的前提条件。织物是由经、纬两组互相垂直的丝线在织机上交织而成。所谓经丝是沿织物纵向(即长度方向)的一组丝线;所谓纬丝,是沿织物横向(即幅宽方向)的一组丝线。在织绸之前,要首先经过经线、纬线准备工程。本部分我们将从丝织准备、织造以及针织三大方面对织绸进行较全面的介绍。

(一) 丝织准备

通俗地讲,丝织准备是指从丝原料加工成经线和纬线的过程。因此又可分为经线准备和纬线准备,但除经线中的整经和纬线中的卷纬外,经线和纬线准备工序基本相同。一般须经原料处理、络丝、并丝、捻丝、定型、成绞和再络、整经、浆丝、穿经和结经、卷纬等工序。

1. 原料处理

对于不加捻和无须标志的经、纬丝,一般可不经原料处理而直接将绞装丝、筒装丝在络丝机上展出就行。如需加捻和标志着色的,特别是桑丝则须经原料处理。原料处理包括浸渍、标志和烘干三个工序。

(1) 浸渍:俗称"泡丝",是桑蚕丝吸附浸渍液的工序。目的是软化丝胶,使经丝润滑、纬丝柔软,减少因摩擦产生的静电,以利于络丝、加捻、织造等工序的进行。浸渍的方法主要有手工浸渍和机械浸渍两种。浸渍机械有浸渍机和真空浸渍机。手工浸渍又叫缸浸渍,是在陶瓷缸或不锈钢桶内加入浸渍液,调节温度、控制时间以完成对蚕丝的浸渍。机械浸渍一般用GK20型挤压式浸渍机。经丝进液二次,加压三次,用时10分钟;纬丝进液三次,加压四次,用时12分钟。真空浸渍需要在真空状态下对蚕丝进行浸渍处理。

(2) 标志：是为后道工序辨认各种丝的条份、并合数、捻度和捻向等而在各种丝上加着不同颜色。但必须注意，着色是为了区别不同丝而加的标志，其使用的染料必须在精练绸时全部褪色，不留痕迹。

(3) 烘干：浸渍或着色的各种丝，必须及时烘干而使用，烘干方法可在脱水机脱水后使用绞丝烘燥机或手工在烘房中烘干。

2. 络丝

络丝是把绞装、饼装或筒装的丝，卷绕成有边筒子丝或簦子丝。有边筒子丝用来并丝或捻丝，簦子丝用于整经或卷纬。一般络丝机应有的主要机构和装置为卷绕机构、成形机构、张力装置。络丝时丝线是以螺旋线形式有规律地卷绕在筒子表面的。

3. 并丝

并丝是将单根丝线合并成数股丝的过程，经过并丝增加丝线的线密度、强度，降低丝线的条干不匀率。并丝分为有捻并和无捻并两类。

4. 捻丝

给丝线加捻的目的是增加丝线的张力和耐磨性，同时使丝线具有一定的外观。加捻后的丝线织成的织物具有较高的抗折能力，穿着时具有凉爽感。加捻的方法是将丝线一端相对固定，另一端做定向回转。加捻丝按捻向分为 S 捻和 Z 捻，做顺时针回转而形成的捻向为 S 捻（俗称左捻），做逆时针回转而形成的捻向为 Z 捻（俗称右捻）。按捻度分为弱捻（1000 捻以下）、中捻（1000—2000 捻）和强捻（2000 捻以上）。按加捻方式分为干捻和湿捻。

5. 定型

定型是加捻工序后必经的一道工序，其目的是消除加捻丝线的内应力，使捻度暂时稳定。加捻丝线经过自然放置、加热、给湿等方法加速纤维的弛缓过程，以消除原有应力，达到捻度固定的状态。

6. 成绞和再络

凡经并丝或捻丝工序后卷绕成筒子形式的丝线,如用于熟货织物,则必须进行成绞,将筒装的丝线卷成一定长度的绞丝,以便精练染色。定型后的筒子或成绞练染后的绞丝,须络成有边筒子或籰子,便于下道工序使用,这一过程称为再络。

7. 整经

整经俗称牵经、推经,是指将卷绕在有边筒子、无边筒子或籰子上的丝线,按织物规格所要求的总经数、门幅、长度,平行地卷绕成经轴或织轴,供浆丝和织造使用。

8. 浆丝

由于经丝要反复进行拉伸、摩擦和外力作用,所以对于人造丝、无捻合成纤维要上浆。通过上浆、烘燥,一部分浆液在丝的表面形成一层坚韧的浆膜,使经丝表面的毛羽黏附,从而可使经丝表面光滑,降低其摩擦系数,提高其耐磨性,同时可增大丝线的强力,以利于后续的织造工序。

9. 穿经和结经

穿经和结经是经丝准备工程中的最后一道工序。穿经是把经丝按照织物组织的穿综顺序,依次穿入综框的综眼和钢筘内,以便在织造过程中能获得符合某种组织和一定经密的织物。结经是可以免去穿综、穿筘,而在原织机上直接将经线进行接头。

10. 卷纬

卷纬是把非纬管卷装的丝卷绕到纬管上,加工成纡子,是有梭织造加工纬丝的最后一道工序。

(二) 织造

织造是将准备好的经纬两组丝线在织机上相互交织,制成符合一定规格要求的织物。织造包括开口、引纬(投梭)、打纬、送经、卷取五大运动。开口运动是指把经丝分成上下两片形成梭口;引纬运动是指把纬丝沿水平线左右运动,穿过梭口引入纬丝;打纬运动是指把纬丝沿水平方向向前推进织口;送经运动是指把经丝沿水平方向向前送进织造区;卷取运动是指把织物沿水平方向向前引离织造区。完成以上五大运动的机构有开口机构、引纬机构、打纬机构、送经机构、卷取机构,还包括多梭箱机构、防织疵和安全机构、启动制动机构、传动机构等。

常用的织造设备包括有梭织机、片梭织机(用小的片状夹纬器——片梭引纬的织机)、剑杆织机(以剑头输送纬线的织机)、喷气织机(利用高压气流的摩擦牵引作用实现引纬的织机)、喷水织机(利用压缩泵的高速喷射水流牵引纬线而实现引纬的织机)。

(三) 针织

由两组相互垂直的纱线交织而形成织物的过程称为机织或梭织。而针织则是丝线通过织针构成线圈相互串套连接而成。由于线圈的结构不同,可以形成多种针织绸。针织绸有纬编针织和经编针织两种。其需用丝线的准备工程与机织准备工程中的络丝、并丝、捻丝等工序相同,只是不需要穿综、穿筘和卷纬等工序。

针织中的纬编是由一根丝线喂入织针,弯曲成圈进行纬向编织而形成织物。纬编织物是由纬编针织机生产的,纬编针织机既可生产各种组织的针织绸,也可以生产符合各种人身部位需要的如手套、丝袜等针织品。经编是由一组或几组经向平行排列的丝线,同时喂入织针进行成圈,由线圈纵行之间的连接而形成织品。

第三节　丝织物的印染和整理

印染和整理同制丝工艺、机织或针织生产一起,形成丝织物生产的全过程。印染和整理包括练漂、染色、印花和整理四个步骤。

一、练漂

丝织物练漂的目的是利用化学药剂,配合物理的、机械的作用,除去织物上所含有的天然杂质以及织造中所施加的染料、着色剂和加工前织物所沾染的污渍等人为杂质,为染色、印花提供良好的半成品,是染整加工的头道工序。练漂包括预处理和精练两个主要步骤。

预处理通常是以一定浓度的弱碱溶液浸渍织物。精练包括酶练、初练和复练几道工序。酶练的目的在于改善成品的手感和光泽,提高渗透性。经预处理和酶练后,织物上的丝胶大部分已被除去,但丝素纤维中的蜡质物及色素等依然存在,因此,初、复练的任务就是利用表面活性剂、漂白剂等对织物进行洗涤和漂白,并在较高温度的弱碱性条件下,使丝织物的内层及织物组织点间难以去除的残留丝胶继续水解。

精练包括以下几种方法:① 皂—碱法,是以肥皂、纯碱为主要精练助剂。这种方法精练的织物可以获得较好的手感和柔和的光泽,但如果遇到水质不良则易出现白雾、泛黄等问题。② 合成洗涤剂—碱法,是以合成洗涤剂、纯碱为主要精练助剂。练后织物白度好,但手感粗糙。③ 酶—合成洗涤剂法,是以合成洗涤剂和生物酶为主要精练助剂。练后手感、光泽较好,不易泛黄,但工艺流程长。④ 快速精练剂法,是使用精练剂(如国产 SR875 精练剂)对织物进行快速精练。其特点是脱胶均匀,渗透好,操作方便,劳动强度低。精练方式有练槽挂练(适用于绉缎、纺绸)、星型架精练(适用于平纹、斜纹织物)、高温高压精练(适用于厚重加捻织物)和平幅连续精练(适用于对坯绸的染色、印花)。

二、染色

染色是一门很古老的工艺。从出土文物来看,我国和印度、埃及早在史前就知道用某些天然染料来染色。通俗地讲,染色就是将纤维材料染上颜色的加工过程。染色的目的是得到色泽鲜艳、均匀且不易褪色的丝织品,提高丝织品的观赏和使用价值。染色过程应尽量避免损伤纤维,以保证织物具有良好的手感和光泽。织物染色的过程基本上分为三个阶段:① 染料被吸附到纤维表面;② 染料从纤维表面向纤维内部扩散;③ 染料固着在纤维上。

目前,纤维的染色大多是在染料的水溶液中进行的。染色按设备划分,有卷染(适用于平挺的平纹、斜纹织物)、绳状染(适用于不易起皱的纱、乔其、纺、绉等丝织品,不宜染表面光滑的绉缎、软缎等丝织品)、溢流染(适用于厚重的绢纺、针织类)、方型架染(适用于纺、绉类)、星型架染(适用于厚重类纺、绉、绒类织物)。桑蚕丝的绞丝染色,选用常温常压染色、高温高压染色或者高温高压喷射染色。染色工艺流程包括打小样—手工配色打样(电脑测色配色)—染前准备—染前处理—染色—染后处理—固色等。

三、印花

印花是用不同工艺将各种色彩的染料或颜料,按照一定的花纹图案印在织物上的加工过程。印花织物是富有艺术性的产品,应根据设计的花纹图案选用相应的印花工艺。丝织品的印花工艺随品种、染料、浆料、印花方法的不同而有所区别,常用的有直接印花、拔染印花、防染印花等。直接印花是把印花色浆直接通过筛网花版印在白色或浅色丝织品上,经后处理而获得印花的方法。直接印花是丝织品印花的基本印法之一,其工艺简单,成本低,并可用多种染料共印,因此采用较多。拔染印花又叫雕印印花,是丝织品先染色,再在色绸上按需要花样印上拔染剂(雕印浆),因拔染剂中含有破坏色素的化学助剂,经印花汽蒸后,印浆部位的地色被去除,即呈白色,称为"拔白"。如在花样部分用的化学助剂不破坏色彩,而在地色部分加入拔染剂,则印花汽蒸后,地色被去除,即呈有色花样,称为"色拔"。拔染印花工艺的特点是染出的丝织品地色均匀,花纹细致,但其工艺较为复杂。防染印花是指先在丝织品上按花样印上"防白"浆或"色防"浆,待干燥后再行染色。由于花样部位有"防白"浆或"色防"浆中的防染剂,因此不会上色,而无花样部分则全部上色。

印花设备有平板筛网印花机和圆网筛网印花机。印花的工艺流程包括图案设计、描黑白稿、感光制版、配色打样、调制色浆、练白绸或染色绸准备、印花、蒸化、水洗褪浆固色、烘干整理等环节。

四、整理

整理是指丝织品经过练漂、染色、印花加工以后,通过物理、化学的方法,改善和提高织物品质的加工过程。整理的目的是改进丝织品的外观和内在质量,以提高织物的服用性能或赋予其特殊功能。整理工艺可按效果或方法分类,按效果可分为暂时性整理和永久性整理;按方法可分为机械整理、化学整理和机械—化学联合整理。机械整理是利用机械方法,根据丝织品的需要,通过不同机械,达到烫平、预缩、柔软、轧光等预期要求。化学整理是用各种化学品(包括各种功能整理剂和表面活性剂)对丝织品进行化学处理或物理性的黏着、沉积、覆盖、涂层等整理。比如,利用各种柔软剂的柔软整理;利用各种硬挺剂的硬挺整理;利用抗静电剂的抗静电整理;为提高丝织品弹性及抗皱性能的树脂整理;为提高丝织品的干、湿弹性,改善耐酸、耐碱、日照泛黄等性能的接枝共聚整理;为赋予丝织品防水、防油污、防火性能的特种整理;等等。

第四节　丝绸服装服饰

一、丝绸服装面料

丝绸织物具有柔软滑爽、光泽明亮、穿着舒适等特点,一般分为梭织(机织)面料和针织面料。机织物是由经纬两系统纱线在织机上互相交织而形成的织物,按照经纬纱互相浮沉交织规律的不同而有不同的织物组织结构,其中各种组织的基础组织包括平纹、斜纹、缎纹三种。其中平纹组织是最简单的组织,它是由经纬线一上一下互相交织而成。平纹织物结构紧密,质地坚牢,手感较硬。斜纹组织的特点是经(或纬)组织点①连续而成斜向的纹路,在织物表面呈现对角线状态。斜纹织物比较柔软,光泽和弹性也较好。缎纹组织的特点在于其经线或纬线在织物中形成一些单独的、互不连续的经组织点或纬组织点。缎纹织物表面富有光泽,手感柔软润滑。针织物是丝线通过织针构成线圈相互串套连接而成的,分为经编针织物和纬编针织物。

我国丝绸织品规格繁多,有近2000个品种。按原料可分为五种类型:① 全真丝织物,即经纬均采用蚕丝制织的织物,例如乔其、双绉、电力纺等。② 人造丝织物,即经纬均采用人造丝制织的织物,例如无光纺、人丝电力纺等。③ 合纤织物,即经纬均用涤纶、锦纶等合

---

① 经纬线交织之处称为"组织点"。当经线浮在纬线之上时称经组织点,当纬线浮在经线之上时称纬组织点。

成纤维织成的织物,例如锦丝纺、涤纶绸、尼丝绫等。④ 柞丝织物,即经纬均采用柞蚕丝织成的织物,例如千山绸、鸭江绸等。⑤ 交织织物,即经纬采用不同原料的丝线交织而成的织物,例如桑蚕丝与人造丝交织的织锦缎,尼龙与人造棉交织的红纹绸等。

丝绸面料按组织结构可分为三种类型:① 普通类型丝织物,即经纬丝成直角交织,在织物中经纬各自互相平行,例如花软缎、麦浪纺等。② 起绒类型丝织物,即有一组经丝或纬丝在织物的表面形成毛绒或毛圈的织物,例如乔其绒等。③ 纱罗类丝织物,即经线互相扭绞着与纬线交织形成表面具有纱孔的织物,例如窗帘纱等。

丝绸面料按品种可分为十四大类:① 纺类,即应用平纹组织,经纬一般不加捻,生织成后再进行练染或印花等加工,构成平整缜密又比较轻薄的花、素条格织物。② 绉类,即应用平纹或其他组织,经或纬加强捻,或经纬均加强捻,呈明显绉效应并富有弹性的织品。③ 缎类,即应用缎纹组织,绸面平滑光亮的织品。④ 绫类,即应用各种斜纹组织,绸面呈明显斜向纹路的织品。⑤ 纱类,即全部或部分应用纱组织的织品,纱组织是由甲、乙经丝每隔一纬丝扭绞而成,该类织物表面有纱孔。⑥ 罗类,即全部或部分应用罗组织的织品,罗组织是由甲、乙经丝每隔一根或三根以上的奇数的纬丝扭绞而成,该类织物表面具有等距或不等距的条状纱孔。⑦ 绒类,即采用起绒组织,表面呈现绒毛或绒圈的织品。⑧ 绡类,一般采用平纹组织作地,经纬密度较小,质地轻薄透明。⑨ 锦类,应用缎纹、斜纹组织,花纹精致绚丽的色织提花织物。⑩ 呢类,应用各种组织和较粗的经纬丝线,质地丰厚,有毛型感的织品。⑪ 葛类,应用平纹、斜纹及其变化组织,经密纬疏,经细纬粗,质地厚实,绸面呈横向梭纹的织品。⑫ 绨类,应用平纹组织,长丝作经,棉或其他纱线作纬,质地较粗厚的织品。⑬ 绢类,应用平纹组织,质地轻薄,绸面细密、平整、挺括的织品。⑭ 绸类,应用平纹或变化组织,经纬交错紧密的织品。

二、丝绸服装设计

　　服装设计是科学技术和艺术的搭配焦点,涉及美学、文化学、心理学、材料学、工程学、市场学、色彩学等要素。"设计"指的是计划、构思,设想、建立方案,也含意象、作图、制型的意思。服装设计过程即根据设计对象的要求进行构思,并绘制出效果图、平面图,再根据图纸进行制作,进而完成设计的全过程。

　　中国传统服装设计类型主要包括:

　　① 定人设计:根据其人的身份、地位而设计的服装。例如,天子服饰、皇后服饰、百官服饰、国家领导人服饰等。

　　② 定制设计:按照当代服制进行设计。如中国大法官服装。

　　③ 定义设计:按照某种特定意义进行设计。如祈福求祥、歌功颂德之用。

　　④ 定题设计:比如,中国传统服装中的龙袍,龙是明清时期帝王服装的专用题材。

　　⑤ 定性设计:按照服装的性质、性能进行设计,如朝服、礼服、军服、祭祀服等。

　　⑥ 定时设计:按照季节、时令进行设计。比如,宋代按季节颁赐百官服饰。

　　⑦ 定俗设计:按民风、民俗进行设计。比如,苏南水乡服、福建惠安服等。

　　⑧ 定料设计:按一定的服装材料进行设计。例如清末民初,艺人将一件衣服的各个部位完整、巧妙地设计在一块衣料上,只需挖出领口,接上衣袖,稍作缝制即可成衣。

　　⑨ 定款设计:中国历代有许多固定款式的衣服,比如旗袍。有些

是承前代而来,有些是创新。

服装设计的形式法则主要有:

① 统一:不同的元素经过整理和协调,汇集成一个整体。

② 协调:各因素处于和谐状态。

③ 对比:使得个性更加突出,活跃原本安静的因素,使平淡变得有生气。

④ 对称:对称状态平静、稳定,给人严肃、庄重的感觉。

⑤ 平衡:首先加大一个因素的变化,然后再补充另一个因素予以稳定。

⑥ 节奏:各因素的排列格局,在日光的反复变化下形成旋律,要正确处理好统一和变化的关系。

⑦ 比例:最著名的比例关系是"黄金律",即黄金分割,恰当的比例能产生美感。

⑧ 错视:在服装设计中利用错视,使不甚完美的体型呈现出新的效果。

三、丝绸服装服饰的特征

丝绸主要应用于服装,另外还大量应用于手提包、香囊、头巾、披肩、方巾、手帕、钱包、手机袋等。

丝绸服装服饰特征明显。从服用功能看,一是舒适滑爽,符合人们对服饰美追求的目标。古人云:"浴罢穿绸赛神仙。"丝绸服饰是由蛋白纤维组成的,与人体有极好的生物相容性,加之表面光滑,其对人体的摩擦刺激系数在各类纤维中是最低的,仅为7.4%。因此,当我们的娇嫩肌肤与滑爽细腻的丝绸邂逅时,丝绸以其特有的柔顺质感,依着人体的曲线,体贴而又安全地呵护着我们的每一寸肌肤。二是吸、放湿性好。蚕丝蛋白纤维富集了许多胺基(—CHNH)、氨基(—NH$_2$)

等亲水性基团，又由于其多孔性，易于水分子扩散，所以它能在空气中吸收水分或散发水分，并保持一定的水分。在正常气温下，它可以帮助皮肤保有一定的水分，不使皮肤过于干燥；在夏季穿着，又可将人体排出的汗水及热量迅速散发，使人感到凉爽无比。正是由于这种性能，使真丝织品更适合与人体皮肤直接接触，因此，人们都把丝绸服装作为必备的夏装之一。三是有很好的保暖性。丝绸的保温性得益于它的多孔纤维结构。在一根蚕丝纤维里有许多极细小的纤维，而这些细小的纤维又是由更为细小的纤维组成的。因此，看似实心的蚕丝实际上有38%以上是空心的，在这些空隙中存在着大量的空气，这些空气阻止了热量的散发，使丝绸具有很好的保暖性。

  从文化功能上看，丝绸服装服饰的特征主要有三点：一是华美高贵。丝绸往往与地位和权力结合在一起，这是中国丝绸服饰之美中包含的特定文化内涵。宋代张俞《蚕妇》中"遍身罗绮者，不是养蚕人"，表达出贫穷百姓对丝织服饰可望而不可即的社会现状。唐代以前，丝绸服饰主要为王公贵族独占享受。二是色彩丰富多样。丝绸织物的发展，带动了染色技术的不断提高，丰富的色彩满足了人们追求美的心理。三是丝绸原料天然形成，给人一种回归自然美的精神满足。

第四章
丝绸技术前瞻

第一节 丝绸新技术

桑蚕丝绸和仿真丝绸相比，在服用性能上尚存在许多弱点，比如不耐磨、色彩少等，尤其是容易泛黄、折皱、褪色等，给消费者带来许多不便。为了克服这些缺点，多年来许多专家进行了实验与研究，使桑蚕丝的弱点在一定程度上得到了解决，但对桑蚕丝内在的品质改造，依然是丝绸研究者面临的重要课题。

一、蚕丝的改性与功能化处理

1. 蚕丝的膨化加工

这里简要介绍差别化柞/桑弹力真丝和桑蚕膨松丝的膨化加工方法。

差别化柞/桑弹力真丝是用普通桑蚕丝与柞蚕丝通过特殊物理合并的方式，使纤维构成异能量态的纤维束，再通过化学处理方式使纤维内能释放，纤维在轴向产生收缩，从而产生显著膨松性、卷曲性，并具有显著的弹性伸长率和良好的弹性回复率，纤维束的柔软性也显著提高。发生不可逆膨松化后的纤维,其织物膨松,产品丰厚、柔软、悬垂,是一种全真丝的新型服装面料。

桑蚕膨松丝的加工技术与普通桑蚕丝的浆丝工艺有所不同,是将蚕茧采用生丝膨化剂进行低温膨化煮茧,经低张力漂丝与复摇,再经浸渍柔软处理,常温下干燥。由于采用这种特殊的浆丝工艺可使膨松丝能最大限度地保持茧丝原有的卷曲状态,因此丝质具有良好的柔软性和膨松性。桑蚕膨松丝的强力比普通生丝要低2%—8%,但伸长率增加4%—15%。桑蚕膨松丝与普通生丝的力学性质的差异,主要是由这两种真丝材料中丝纤维的聚集态结构不同而引起的,桑蚕膨松丝的丝素纤维的结晶度和取向度均比普通生丝低,这对真丝材料的力学性质起着决定性的影响。

正是基于蚕丝的膨化加工技术,江苏泗绢集团有限公司研制成功的"高档膨化拉绒蚕丝毯"在2010年召开的江苏省纺织工程学会大会上荣获第八届江苏省纺织技术创新奖,宿迁市仅有江苏泗绢集团一家企业获此殊荣。

2. 丝绸的抗皱整理

丝绸抗皱的整理方法有增重、接枝、交联、生物酶整理等类型。

用锡盐对蚕丝进行增重处理,增重后的织物可以防皱,整理后的织物弹性显著提高,具有良好的耐洗性。

接枝共聚、树脂交联是研究丝绸抗皱性比较集中的方法。所谓接枝共聚,是指大分子链上通过化学键结合适当的支链或功能性侧基的反应形成新的产物(接枝共聚物),如接枝氯丁橡胶、SBS接枝共聚物等。接枝共聚物通过将两种性质不同的聚合物接枝在一起而具有特殊性能。聚合物的接枝改性,已成为扩大聚合物应用领域、改善高分子材料性能的一种简单又行之有效的方法。采用等离子体接枝技术整理丝绸,其抗皱性、湿弹性、吸湿性、抗泛黄性均可

提高。交联是线型或支链型高分子链间以共价键连接成网状或体型高分子的过程,分为化学交联和物理交联。化学交联一般通过缩聚反应和加聚反应来实现,如橡胶的硫化、不饱和聚酯树脂的固化等;物理交联利用光、热等辐射使线型聚合物交联,如聚乙烯的辐射交联。利用交联剂对蚕丝或丝绸织物进行整理后,其力学强度、弹性、抗皱性等均有改善。

生物酶是一种蛋白质,其分子由氨基酸长链组成。生物酶是一种无毒无害、环境友好的生物催化剂。酶的生产和应用,在国内外已具有80多年历史。进入20世纪80年代,生物工程作为一门新兴高新技术在我国得到了迅速发展,酶的制造和应用领域逐渐扩大。酶在纺织工业中具有很大的优越性,它处理所需要的条件(温度、pH值等)较温和。此外,酶用量少作用大,且酶处理产生的废水可生物降解,因此减少了污染,节约了能量。酶处理工艺已被公认为一种符合环保要求的绿色生产工艺。目前,生物酶技术应用于纺织加工主要有两个方面:一是去除天然纤维或织物上的杂质,为后续染整加工创造条件;二是去除纤维或织物表面的绒毛,或者使纤维减量,以改善织物的外观、性能和手感。经过生物酶整理的丝绸织物表面光洁,手感柔软,耐久性好,且其染色深度和鲜艳度好,可节约染料5%—10%。

生物酶在"复活"古丝绸方面也发挥了巨大的作用。我国是丝绸的发源地,然而,由于丝绸特殊的物理性质,流传于世的古代丝织品极少。丝绸属于有机物,富含蛋白质,极易腐败变质。古墓葬中的丝绸在地下水的浸泡下,大多已粘连成一团"烂泥",稍稍触碰,往往就"灰飞烟灭"。要想完好保存古丝绸可谓难上加难。长沙马王堆等地出土的大量珍贵丝绸就是因为无法提取被迫冷藏保存了20多年。如何将出土的古丝绸绚丽的色彩保存下来,一直是世界文物专家潜心研究的难题。有学者通过培育生物酶,用这些酶来消解古丝绸的糟朽霉变,极大地减少了文物提取时对古丝绸的损耗。经过生物酶处理的古丝绸,色泽如新,颜色十分绚丽,可以完整保存。

3. 丝绸的抗菌整理

在生活中,人们不可避免地接触到各种各样的细菌、真菌等微生物,这些微生物在合适的外界条件下,会迅速繁殖,并通过接触等方式传播疾病,影响人们的身体健康和正常的工作、学习和生活。纤维属于多孔性材料,叠加编织后又会形成无数空隙的多层体,因此织物较容易吸附菌类。此外,真丝本身是蛋白质纤维,是众多细菌青睐的对象。特别是环境湿度较大时,细菌在丝纤维上极易繁殖,进而导致蚕丝制品降解霉变,强力受损。丝绸的抗菌整理就是使丝绸织物具有抑制菌类生长的功能,维持卫生的衣着生活环境,保证人体健康。

真丝织物具有优良的服用性能,特别适宜于制作对抗菌性有较高要求的内衣和婴儿服装等产品。采用整理剂是目前国内外提高真丝织物抗菌防皱性能的主要攻关方向之一,而且又以生态环保的整理剂为多。壳聚糖作为一种天然可以再生的高分子环保整理剂,在织物的抗菌整理中已经取得了一定的成果。

壳聚糖中的氨基阳离子能与细菌细胞壁表面的阴离子相结合,形成一层高分子膜,阻止细菌细胞内外营养物质的输送,从而起到抑制细菌生长的作用。壳聚糖也有可能渗透进入细胞内部,发生絮凝作用,扰乱细胞正常的生理活动,达到抗菌的目的。

有研究表明,用蚕蛹壳聚糖处理丝绸纤维,可以提高其抗菌性。经过蚕蛹壳聚糖整理的真丝绸,抗菌性能指标已经有明显的提高。耐洗性试验结果表明,整理真丝绸经过模拟洗涤后,抗菌性、干湿弹性都有所下降;但是即使经过30次洗涤后,抗菌性仍然达到刚整理完时的83.7%,干、湿折痕回复角仍然较未整理时提高了12.2%和18.9%。

在真丝绸的抗菌防皱整理中,柠檬酸与壳聚糖有良好的协同作用,在合适的处理条件下,对于提高真丝绸的抗菌防皱性、保持真丝原有的优良服用性能具有实际意义。从发展趋势来看,蚕蛹壳聚糖与虾、蟹壳聚糖相比,在处理真丝产品中有更加优越的性能,用蚕蛹壳聚糖处理真丝织物会越来越受到关注。

二、蚕丝新材料的开发

1. 蚕蛹蛋白粘胶长丝

蚕蛹蛋白粘胶长丝的商品名称是波特丝,简称 PPV,它是综合利用高分子改性技术、生物工程、化学工程和化纤专利(中国独创)技术制成的具有皮芯结构的新型蛋白复合纤维。它采用化学方法从蚕蛹中提取纺丝用的蛋白质,再在一定条件下将其与粘胶纺丝原液共混、纺丝制成。该纤维具备了粘胶丝和蚕丝的特点与优点,它富含 18 种氨基酸,能有效地促进新陈代谢,防止皮肤衰老,并具有止痒、抗阳光辐射、阻挡和减少阳光中的紫外线对人体的侵害等功能,具有保健效果。

2. 经丝胶整理后形成的材料

将缫丝工序中回收的丝胶涂在其他纤维的表面,可以使面料具有丝绸服装的外观与舒适性。比如,将丝绸精练废水中的丝胶回收并用其整理涤纶织物和纯棉织物;将含有大量丝胶的茧衣[①]与羊毛混入兔毛中再和锦纶进行混纺,织成兔毛针织物,经特殊处理后,茧衣上的丝胶可以熔融粘住兔毛及其他纤维,达到防掉毛和防缩水的目的。

---

① "茧衣"是丝绸加工中的下脚料,应用价值不高,其丝胶含量约占 40%—46%。

3. 丝胶相关产品

丝胶是构成蚕丝纤维外层组织的蛋白质，在蚕丝中含量约占20%。丝胶对包裹在其内部的丝素起着保护和粘接的作用。蚕茧经过缫丝、织造、练染等加工，丝素被利用，而绝大部分丝胶则在煮茧与丝绸精练等工序中随着生产废水被排放出来。中国每年生产桑蚕生丝6—9万吨，有2—3万吨的丝胶蛋白质随废水流失，这不仅造成丝胶蛋白的浪费，还会导致环境污染。丝胶蛋白链上有许多侧链较长的氨基酸，如精氨酸、赖氨酸、谷氨酸等，许多极性亲水基团（如—OH、—COOH、—NH_2等）处于多肽链表面，这些结构特征赋予丝胶蛋白优异的调湿、保湿作用。有关资料表明，丝胶在纺织、卫生、制药、食品、保健和化妆品等领域都有了一定的研究和应用，前景较好，且应用需求将会越来越大。丝胶蛋白与人体皮肤角质层中天然调湿因子类似，能帮助皮肤保持适量水分，使皮肤光滑、柔软，富有弹性；丝胶及其水解物也是一种天然抗氧化剂，其抑制脂肪过氧化能力可与维生素C媲美，具有抑制酪氨酸活性的作用。

丝胶粉是以精选桑蚕丝为原料，采用现代生化技术精制而成的，具有水中易溶、纯度高、粒度细而均匀、外观色泽好等优良性能。丝胶粉是一种天然保湿因子物质，可有效防止肌肤干燥、皲裂、老化，抑制皮肤中黑色素生成，同时具有抗氧化功能，抵御紫外线、日光、微波、化学物质、大气污染物对肌肤的侵蚀。所以丝胶粉已被化妆品专家应用于高档化妆品中。丝胶粉也可作为功能性食品营养添加剂。由于丝胶蛋白对油脂类食品具有较好的抗氧化性能，所以是天然的食品抗氧剂。经丝胶粉涂层的纺织品，可使皮肤保持一定的水分，具有肌肤保湿功能，还可以有效防止化学纤维与皮肤直接接触，这种新型纺织品具有抗菌作用。

三、新工艺的应用

1. 数字化技术的应用

数字印花技术已经广泛应用于丝绸生产领域,相当于把用于纸张上的数码喷墨技术移植到织物上。数字印花技术减少了制版工艺,大大缩短了生产周期,可以最大限度地满足个性化、小批量、快速交货的需求。数码喷射印花和四分色印花都属于数字印花技术,二者的协同生产技术已在杭州喜得宝集团应用,生产真丝绸10万米,实现快速打样与四分色印花规模化。迭代函数系统印花图案设计是根据数学原理与模拟对象的形态创作而成,为设计人员提供了较大的创作空间。浙江理工大学应用此技术研制出真丝素绉缎丝巾。全真丝数码双面织锦提花技术是运用纹织CAD、CAM技术,对传统丝绸织锦技术进行创新,将烦琐的手工设计与操作全部实现计算机化、智能化,达到丝织技术的数码化。

2. 自动化制造

纺织自动化指的是自动化技术在纺织工业中的应用。纺织工业工序多、机台多、劳动强度大,实现手工操作和产品检验自动化,对各种工艺参数实行自动检测、调节和最佳控制以及建立生产管理自动化系统,是现代化纺织生产的标志。纺织自动化在保证产品质量、提高劳动生产率、减轻劳动强度、避免环境污染、增加产品花色等方面具有重要作用。20世纪80年代后,计算机群控及同自动化管理相结合的计算机网络相继建立起来。纺织自动化的发展推动了纺织业高速发展。现代纺织自动化主要表现在单机自动化、生产过程自动化、辅助设计自动化、管理自动化等方面。丝绸企业中的自动缫丝机、无梭织机、电脑印花机、电脑横机等设备已经大量运用,大大提高了劳动生产率,降低了生产成本。

第二节 丝素生物医用材料

生物医用材料是用来对生物体进行诊断、治疗、修复或替换其病损组织和器官或增进其功能的材料。简单到一条缝合线，复杂到人工关节、人工血管等人工器官，都属于生物医用材料的范畴。按照来源的不同，生物医用材料可分为天然生物医用材料（如胶原蛋白、壳聚糖、丝素等）和人造生物医用材料（如聚酯、聚乙烯、有机玻璃、硅橡胶等）。按照材料在生理环境中的生物化学反应水平，生物医用材料分为惰性生物医用材料（如生物医用金属材料钛、不锈钢、锆等以及一些合金材料）、活性生物医用材料（如活性生物陶瓷材料）、可降解和吸收的生物医用材料（如聚乳酸、聚己内酯、丝素等）。

蚕丝作为医用缝合线已有几千年的历史。蚕丝的主要成分丝素蛋白价廉易得、环境友好、生物安全性高，是用于生物医药领域的理想原材料。丝素蛋白作为生物医用材料的优势主要表现在以下几个方面：① 蚕丝丝素蛋白具有良好的体内、体外生物相容性，适合用作生物材料。研究表明，丝素蛋白材料不会引起明显的免疫反应，有利于多种哺乳动物细胞和人类成体细胞的黏附和生长，包括内皮细胞、成纤维细胞、成骨细胞、软骨细胞、胶质细胞等。有关研究发现，在家蚕丝素 H 链 N-末端的 VITTDSDGNE 和 NINDFDED 片段对成纤维细胞有特异性相互作用，而柞蚕丝素蛋白 H 链上的 RGD 序列更有利于细胞的黏附。② 蚕丝丝素蛋白是由非脊椎动物蚕的绢丝腺内壁上的内皮细胞分泌出的很纯的蛋白质，不含有细胞器等其他生物杂质，疾病传播的风险小，生物安全性能得到可靠保证。③ 降解最终产物为氨基酸或寡肽，易被机体吸收。④ 在我国来源丰富，易获得。我国蚕丝产量约占世界蚕丝总产量的 70%。家蚕丝中丝素蛋白约占 75%，其

余约25%主要是丝胶蛋白,可以通过简单的脱胶工艺除去。⑤有多种方法可成型为高孔隙率材料。

本节将主要介绍可用蚕丝丝素蛋白制作的生物医用材料。

一、丝素线(绳状)材料

蚕丝可以通过对蚕茧进行缫丝而获得,对蚕丝进行编织可得到蚕丝缝合线,包括未脱胶的以及脱胶后再涂层的。还可以用RGD三肽①对蚕丝缝合线进行修饰,研究表明,经修饰的蚕丝缝合线更加有利于细胞的黏附、增殖。利用纺织技术将蚕丝纤维加工成绳状材料可作人工韧带,从韧带上提取的骨髓间充质干细胞以及成纤维细胞可在该蚕丝人工韧带上进行较好的黏附并分化。

二、丝素无纺布

无纺布具有较高的比表面积,其在微观上粗糙的表面有利于细胞的黏附,是一种理想的生物医用材料。利用静电纺丝方法制备的丝素无纺布具有一定的孔隙率,且纤维尺寸可达到纳米及微米级。研究表明,角质细胞、成骨细胞、成纤维细胞、内皮细胞等多种细胞可在丝素无纺布上黏附、生长、增殖、分化,证明了丝素无纺布在骨、血管、皮肤等组织的替代和再生方面的潜在应用价值。丝素也可以和聚己内酯(PCL)、聚氧化乙烯(PEO)、胶原、壳聚糖、明胶、聚乳酸(PLA)等材料共混制成静电纺丝无纺布,这些材料在生物医药领域具有多种用途。

三、丝素膜

纯丝素膜或丝素与其他高分子材料的共混膜可利用流延法进行

---

① RGD三肽来自于氨基酸序列Arg-Gly-Asp(精氨酸-甘氨酸-天冬氨酸)。

制备。纯丝素制成的膜根据丝素蛋白二级结构的不同而具有不同程度的透氧透水性能。醇处理可改变丝素蛋白的二级结构,由此可改变丝素膜的力学性能及降解性能。利用层层自组装的方法也可以制成纳米级丝素膜,通过改变溶液条件可控制膜的厚度,该膜可支持骨髓间充质干细胞的黏附和分化。有关研究表明,丝素与其他材料共混制备的膜在性能上也具有一定的优势。丝素与PEO共混可制备不同微结构的膜,通过控制PEO含量可控制丝素膜的表面粗糙度,该膜具有很高的细胞黏附性。动物实验表明,该膜作为创伤敷料具有较好的愈合效果和较低的免疫反应。丝素与纤维素共混制备的透明薄膜比纯丝素膜具有更高的力学强度,丝素与胶原共混制备的薄膜更有利于细胞的黏附、生长、增殖。

四、丝素水凝胶

水凝胶是一种内部具有网状交联结构的物质,其吸水性很强,但不溶于水,能保持一定的形状。水凝胶可用于药物缓释、医用敷料等生物医用材料领域。由于丝素蛋白具有优越的性质,丝素蛋白水凝胶在生物医用材料领域的应用前景非常广阔。通过控制pH值、添加表面活性剂、利用超声波等方法均可制备丝素水凝胶。实验表明,丝素水凝胶具有较好的药物缓释效果、细胞黏附性以及生物相容性。

五、丝素多孔海绵

多孔结构的生物材料有利于细胞的黏附、分化以及迁移,且更易于细胞营养及废弃物的输运。丝素多孔海绵材料可通过添加制孔剂或通过发泡法、冷冻干燥法制备,所制备的材料孔隙率大、孔径分布范围广、表面粗糙且具有较好的力学性能。对材料的体外细胞实验以及体内动物实验表明,丝素多孔海绵材料具有良好的细胞相容性,可诱

导干细胞的分化，并促进组织再生和创伤愈合。

六、丝素管状材料

管状的丝素材料可用作血管或神经导管的替代物或再生支架，目前制备管状材料的方法可归纳为四种：第一种是浸提法。将金属棒浸入丝素浓缩液中然后提拉出来，干燥后丝素会沉积在金属棒上，脱膜后可获得管状材料，反复浸提多次可增加丝素管的厚度。第二种是凝胶纺丝法。将丝素浓缩液通过注射器挤出并逐圈卷绕在旋转的金属棒上，丝素溶液在金属棒上融合形成管状，滴加甲醇定型，脱膜后获得管状材料。第三种是静电纺丝法。用旋转金属杆收集电纺纤维，可形成管状材料。第四种是用纺织加工技术，如编织法或梭织法制备管状材料。

如上所述，丝素是一种性能优良且易加工成型的天然高分子材料，通过各种方法制备的不同性状的纯丝素及其共混材料可作为血管、神经、皮肤、骨、软骨、韧带、肌腱、眼睛、肝脏、膀胱等组织的替代物或再生支架，同时也可用于药物缓释、癌症治疗等生物医药领域。随着国内外相关学者的不断努力，丝素材料在组织再生、药物缓释等领域的研究将更加深入，其应用前景也更加广阔。

第三节　丝素纳米材料

现代科学技术的发展对材料性能提出了越来越高的要求，纳米材料因具有特殊的磁性、光电性、延展性、选择吸附性、催化活性等物理和化学性能以及特殊的生物学性能而迅速发展并被广泛应用，已成为推动当代科学技术进步的重要支柱之一。从广义上讲，纳米材料是指在三维空间中至少有一维处于纳米尺度（1—100nm），或由它们作为基本单元构成的结构材料。其中，在空间中有三维处于纳米尺度的材料称为零维纳米材料(如纳米颗粒、原子团簇),有二维处于纳米尺度的材料称为一维纳米材料(如碳纳米管、纳米纤维),有一维处于纳米尺度的材料称为二维纳米材料(如纳米薄膜)。零维、一维、二维纳米材料也是构成纳米材料的三类基本单元。

蚕丝丝素蛋白是一种环境友好的材料,因其优良的光学、力学及生物学等性能,近年来已经从纺织纤维材料转变为具有普适意义的新型功能材料。目前,丝素蛋白纳米材料已广泛应用于生物电极、生物传感器、生物矿化模板、组织工程支架、药物缓释、荧光发射元件、压电元件等的研究。本节将主要介绍丝素纳米材料的制备方法及其最新研究成果和应用。

一、丝素纳米材料的制备方法

蚕丝或蚕茧经过脱胶、溶解、透析、离心等步骤可制作出清澈的丝素溶液。该丝素溶液通过流延法、旋涂法(见图4-1)等方法制成丝素薄膜,厚度最薄可达到几十纳米,表面光滑,透光度高,且具有一定的力学强度,较适合用于光学基底。此外,也可以利用软刻蚀、纳米压印、喷墨打印等技术(见图4-1)制备具有一定微纳米拓扑结构的薄膜,结合丝素膜的光学透明特性,可制作一系列光学元器件,比如全息图、折光体、光子晶格、微透镜阵列等(见图4-2、图4-3)。

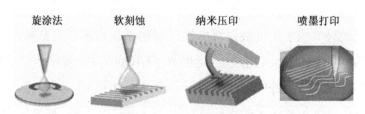

图4-1　一些丝素纳米材料的制备方法示意图

第四章 丝绸技术前瞻

图4-2 通过由丝素制备的菲涅尔透镜(左)和微透镜阵列(右)观察到的影像

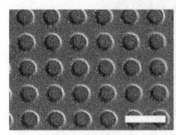 

图4-3 丝素膜表面刻蚀的图案(图中标尺约400nm)

除纳米薄膜之外,丝素还可以被制备成纤维、颗粒、串珠等纳米材料(见图4-4)。丝素纳米颗粒可通过电喷、自组装等方法获得。目前,制备纳米纤维的方法有很多,包括拉伸法、模板合成法、相分离法、自组装法等。但综合考虑设备复杂性、工艺可控性、适纺范围、成本、产率以及纤维尺度可控性等方面的要求,这些方法仍然具有一定的局限性。静电纺丝技术(见图4-5)是一种简便有效的可生产纳米纤维的新

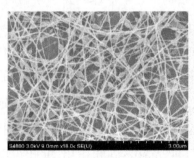 

图4-4 不同形貌的丝素纳米材料

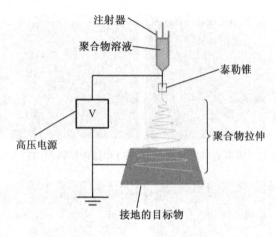

图 4-5　静电纺丝示意图

型加工技术,可实现对聚合物纳米纤维直接、连续的生产。近年来,关于静电纺丝技术制备的丝素纳米纤维用于生物医用材料、光电、食品工程及化妆品等领域的报道层出不穷。

二、丝素纳米材料的应用

除本章第二节所涉及的生物医药领域的应用之外,丝素纳米材料还可用于光电领域,比如光子晶格、超材料、微电子元器件等。

要理解光子晶格,首先要了解光子晶体。光子晶体是由不同折射率的介质周期性排列而成的人工微结构。光子晶体即光子禁带材料,从材料结构上看,光子晶体是一类在光学尺度上具有周期性介电结构的人工设计和制造的晶体。光子晶体具有波长选择的功能,可以有选择地使某个波段的光通过而阻止其他波长的光通过。组成光子晶体的结构物质在空间有规则地排列在一定的点上,这些点群具有一定的集合形状,叫作光子晶格。通过在丝素薄膜上压印规则排列的图形,可制备间距不同的光子晶格,其对可见光有不同的作用,据此可以制作比色传感器。

超材料指的是一些具有人工设计的结构并呈现出天然材料所不具备的超常物理性质的复合材料。超材料是21世纪以来出现的一类新材料，其具备天然材料所不具备的特殊性质，而且这些性质主要来自人工的特殊结构。典型的一种超材料是光操纵超材料，其纳米结构能够以特定的方式对光线进行散射，它或许真的可以让物体隐形。根据制作方式和材料的不同，超材料还能散射微波、无线电波等。实际上，任何一种电磁频谱都能被超材料所控制。被制备成具有特殊阵列结构的丝素纳米材料就可以操纵光线，体现独特的光学性能，可用于对周围环境的监测、探测。

微电子元器件是利用微电子工艺技术实现的微型化电子系统芯片和器件，这样可以使电路和器件的性能、可靠性大幅度提高，体积和成本大幅度降低。可以通过将丝素沉积在金属上制备这类微电子元器件。丝素薄膜力学性能可调控，材料相变可控，因此可以制作柔性电极材料。此外，因丝素可生物降解，通过改变外界条件可调控此类元器件的降解程度。

开发一类具有可持续发展、可生物降解性能的材料对于半导体及光电工业领域具有重要意义。丝素不仅产量丰富，容易获得，而且是一种可持续发展的、生物相容性良好的材料，具有替代目前的光电元器件的发展潜力。可以预见，丝素材料将在未来的人类生活及科学技术中发挥更大的作用。

第五章
丝绸织物产品及用途

丝绸是指以蚕丝(桑蚕、柞蚕或其他蚕丝)和化学纤维长丝为纺织原料织制而成的织品。主要包括纯织品和交织织品,统称丝织品。

自晚清以来,绸缎产品已经逐渐形成纺、绉、绫、纱、罗、缎、绢、绸等以织物组织特征来区分的 8 种类别。新中国成立后,绸缎品种由中国蚕丝公司统一安排。各丝绸主产地建立了纹样组织部门,专门管理绸缎花样品种的设计工作,并成立了新品种试样厂,根据内外销市场的需求,设计、评选新品种。1965 年,国家纺织工业部首次对丝织品的分类、定名和编号做出了统一规定。根据国家有关规定,按照丝织物的组织结构、使用原料、织制工艺、质地外观及织物主要用途分为绡、纺、绉、缎、绫、绢、纱、罗、葛、绒、呢、绸、绨、锦十四大类。

第一节　绫、罗、绸、缎、锦类丝绸

一、绫类织物

绫类织物是以斜纹或变化斜纹组织①为地,织物表面有明显斜纹

---

① 织物组织相关知识见第三章。

纹路或由不同斜向纹路构成各种几何形花纹的花素丝织物。素绫由斜纹或变化斜纹构成。花绫则在斜纹地上起斜纹暗花,花纹常为传统的吉祥动物、文字、环花等。

1. 桑丝绫

又称真丝斜纹绸。是采用斜纹组织的绸缎物,布面有明显斜向纹路,质地柔软光滑,光泽柔和,手感轻盈,弹性较好,花色丰富多彩,大多用作衬衫、连衣裙、睡衣、围巾等。

2. 美丽绫

又称美丽绸。是纯粘胶丝平经平纬丝织物,采用 3/1 斜纹或山形斜纹组织织制。织物纹路细密清晰,手感平挺光滑,织坯经练染后色泽鲜艳光亮,是一种高级的服装里子绸。但美丽绸缩水率大。

3. 羽纱

又称棉纬绫。是以人造丝为经、棉纱为纬交织而成的斜纹梭织产品。织物纹路清晰,手感柔软,滑爽亮丽,富有光泽,且其价格便宜,故多用于服装的夹里、袋布等,也用作服装里子。但羽纱缩水率大。

4. 桑绫

其质地丰厚坚牢,光泽柔和,斜纹纹路隐约可见,宜用作各种服装或装饰用料。

5. 尼丝绫

尼丝绫是纯锦纶丝白织平素绫类丝织物,采用 1/2 斜纹组织。绸面织纹清晰,质地柔软光滑,拒水性能好,经防水处理后常用作滑雪衣、雨衣、雨具面料等。

二、罗类织物

罗类织物是指全部或部分采用罗组织构成的等距或不等距的条状纱孔的花素织物。提花者为花罗,不提花者为素罗。根据纱孔排列方向分为横罗、直罗。

1. 杭罗

罗因产于浙江杭州,故名杭罗。杭州的杭罗因与江苏的云锦、苏缎并称为中国的"东南三宝"而驰名中外。"杭罗织造技艺"已于2009年9月30日经联合国教科文组织批准列入"世界级非物质文化遗产"名录。

杭罗由纯桑蚕丝以平纹和纱罗组织联合构成,其绸面具有等距规律的直条纹或横条纹菱形纱孔,孔眼清晰,质地紧密结实,手感挺括、滑爽,穿着凉爽透气,耐穿耐洗,可防止蚊虫叮咬。杭罗多用作帐幔、夏季衬衫、便服面料等。浅色杭罗宜做夏令男女衬衫,深色宜做夏季裤料。

2. 帘锦罗

帘锦罗是桑蚕丝色织的提花罗类丝织物,地部采用平纹组织,每隔50经配有直罗一条,在有规律的直条罗纹中缀织经花和少量陪衬纬花。帘锦罗表面具有直条形罗纹孔眼,质地轻薄挺括,悬垂性好,主要用作夏季服装或窗帘装饰等。

3. 素罗

素罗指经线起绞的素组织罗。一般而言,经丝有弱捻,纬丝无捻。素罗以绞经根数分二经绞罗、三经绞罗、四经绞罗等。其特点是轻盈透亮。

4. 花罗

花罗是在罗地起各种花纹、图案的罗类织物的总称,也称提花罗。它包括朱罗、皂罗、烟色罗、耳杯形菱纹罗等。花罗在以前一般用于各类服饰,但现在,由于人们生活水平的提高,花罗在家纺行业也得到了广泛的应用。

5. 西汉烟色菱纹罗

西汉烟色菱纹罗质地轻薄,丝缕纤细,经丝互相绞缠后呈椒孔形,织物紧密结实,又有孔眼透气。适于制作夏季服装、刺绣坯料和装饰品。

6. 色织纱罗

色织纱罗织物是采用染色纱线,以纱罗组织织制的色织物。色织纱罗织物的表面具有清晰均匀的孔眼和屈曲的网目,织纹精致美观,经纬密度小。织物透气性好,结构稳定,具有透、凉、轻、薄、爽的独特风格,适宜用作夏季衣料。

7. 丝竹罗

丝竹罗属真丝纺绸类别,其组织结构为缎纹或缎纹变化组织。经丝为真丝,纬成分为竹纤维。织物透气性好,质地刚柔滑爽,穿着舒适凉快,适合做夏季服装,如衬衣等。

三、绸类织物

绸类织物是丝织物的一个大类,它所概括的范围较广,除纱罗组织和绒组织外,其他各种组织的丝织品如无其他特征均可列入此类。绸类织物纹理采用平纹或各种变化组织,或同时混用几种基本组织和变化组织(纱、罗、绒组织除外)。绸类织物可采用桑蚕丝、粘胶丝、合纤丝纯织或交织。按织造工艺可分为生织(白织)、熟织(色织)两大类。绸类织物轻薄、厚重不同,轻薄型的质地柔软、富有弹性,常做衬衣、裙料。厚重型的质地平挺厚实,绸面层次丰富,宜做各种高级服装等的面料。

1. 双宫绸

双宫绸是用普通桑蚕丝作经,双宫桑蚕丝作纬的平纹丝织物。因纬粗经细,双宫丝丝条又不规则地分布着疙瘩状竹节,因此,织物别具风格。根据染整加工情况,可分成生织匹染和熟织两种。熟织中又有经纬互为对比色的闪色双宫绸和格子双宫绸等。双宫绸表面粗糙不平,质地紧密挺括,色光柔和。双宫绸主要用作夏令男女衬衫、裙子和外套的面料等。

2. 花线春

花线春俗称大绸(花大绸),为全桑蚕丝制品。可用厂丝、土丝或绢丝织造,属生丝绸,可染练成各种色泽。花线春以平纹组织为地,起满地小提花,花纹多采用几何图案,正面花纹明亮,质地厚实柔软。

3. 鸭江绸

鸭江绸是柞蚕丝绸织物中的一个大类品种。鸭江绸以普通柞蚕丝作经,以特种工艺丝(以手工纹制,丝条上形成粗细、形状不同的疙瘩)作纬,也可将两种丝间隔排列作经纬,或经纬均采用特种工艺丝。织物有平纹素色和提花两种。提花鸭江绸常用平纹双层表里换层组织交织,呈现双面浮雕效果。鸭江绸品种较多,有平素、条格、提花、独花等品种。织物质地厚实粗犷,绸面散布大小形状不一的粗节,风格别致,织物紧密,富有弹性,坚牢耐用。提花织物的花形大方,立体感强。鸭江绸主要用作男女西装、套装面料,其提花品种常用作高档服装面料。

4. 绵绸

绵绸又称疙瘩绸,是以桑蚕丝为原料的平纹织物。由于丝为绢纺产品,粗细不匀,使织物表面具有粗糙不平的独特外观。也有用䌷丝和棉纱交织的绵绸,织物经染色成杂色。绵绸质地坚韧,光泽柔和,富有弹性,悬垂性与透气性良好,手感厚实。绵绸主要用作衬衣、睡衣裤、练功服面料等。

四、缎类织物

缎类织物的全部或大部分采用缎纹组织,经丝加弱捻,纬丝一般不加捻,用经面缎纹组织织制的称经面缎,用纬面缎纹组织织制的称纬面缎。缎类织物质地紧密柔软,绸面平滑,光泽富丽明亮,是历史悠久的丝织品。缎类织物可采用桑蚕丝、粘胶丝和其他化纤长丝织制,常用作各种衣料、工艺品、装饰品、被面等。

1. 软缎

软缎是桑蚕丝作经、粘胶丝作纬的经面缎纹生织绸,是缎类织品中最简单的一种。因两种纤维的染色性能有差异,匹染后经纬异色。软缎有素、花之分。素软缎采用八枚经面缎纹组织,花软缎则在八枚经面缎纹地上起纬花,花形图案以自然花卉为多。若经纬均用粘胶丝,则称人造丝软缎。软缎地纹平整光滑,质地柔软,缎面光泽明亮。主要用作妇女的服装面料及服装镶边、被面、婴儿斗篷、儿童服装和帽料等。

2. 绣锦缎

绣锦缎是独花织锦物,经线采用桑蚕丝,纬线为有光粘胶丝,经线为一组,纬线为三组,在五枚经面缎纹地上起出纬花。绣锦缎多用作旗袍面料,此面料精细、夺目、新颖别致,具有中国民族特色和东方美的风格。

3. 库缎

库缎又称贡缎,原为清代进贡入库供皇室选用的织品,故名库缎,是全真丝熟织的传统缎类丝织物。库缎织物的经、纬紧密度较大,成品质地紧密,挺括厚实,缎面平整光滑,富有弹性,色光柔和。库缎主要用作少数民族的服装面料或服装镶边等。

4. 薄缎

薄缎是纯桑蚕丝白织薄型缎类丝织物,成品具有质地轻盈、柔软平滑、缎面光泽柔和悦目的特点,是缎类中最轻薄的品种,常做羊毛衫衬里或工艺装饰用品。

5. 涤美缎

涤美缎为涤纶仿真丝绸提花缎类丝织物,经丝采用半光弱捻涤纶丝,纬丝用异形截面的涤纶丝,在八枚缎组织地上起纬花,花纹光泽明亮、晶莹闪烁。面料手感滑糯,富有弹性,具有免烫、即洗即穿的优良特性。涤美缎宜做女用衣料。

五、锦类织物

锦类织物是中国传统的高级多彩熟织提花丝织物。经纬无捻或加弱捻,采用斜纹、缎纹为基础,重经组织经丝起经花称经锦,重纬组织纬丝起纬花称纬锦,双层组织起花称双层锦。锦类织物常采用精练、染色的桑蚕丝为主要原料,也常与彩色粘胶丝、金银丝交织。锦类织物质地较丰满厚实,外观五彩缤纷,富丽堂皇,花纹精致古朴。

锦是中国古代丝织品,代表了丝织物的最高技术水平。宋锦、蜀锦、云锦、壮锦被称为中国四大名锦。

1. 宋锦

宋锦的主产地在苏州,故又称"苏州宋锦",是中国传统丝织物之一。宋锦始创于宋代末年(约公元 11 世纪),产品分大锦、小锦、彩带等数种。大锦又称"仿古锦",花色有 40 多种。2006 年,宋锦被列入第一批国家级非物质文化遗产名录,传承单位为苏州丝绸博物馆。2009 年 9 月联合国教科文组织保护世界非物质文化遗产政府间委员会又将宋锦列入世界非物质文化遗产名录。

宋锦色泽华丽,图案精致,质地坚柔,被誉为中国"锦绣之冠"。其织物结构精细,光泽柔和,绸面平挺,富有民族特色,主要用作名贵字画、高级书籍的封面装饰,也可用于服装面料。

2. 蜀锦

蜀锦,又称蜀江锦,是汉至三国时蜀郡(今四川成都一带)所产特色锦的通称。[1] 蜀锦以经向彩条和彩条添花为特色,多以方形、条形、几何骨架添花,呈现对称纹样,四方连续,色调鲜艳,对比性强,是一种具有汉民族特色和地方风格的多彩织锦。20世纪50年代末期,在国产电动织机上也能仿制出蜀锦的产品,称为现代蜀锦。现代蜀锦保持了蜀锦色块饱满、立体感强的特点,并较大程度地提高了产品的产量,缩短了作品的设计时间。蜀锦织物质地坚韧丰满,织纹细腻,光泽柔和,常用作高级服饰和其他装饰用料。

2006年5月20日,蜀锦织造技艺经国务院批准列入第一批国家级非物质文化遗产名录,叶永州、刘晨曦为代表传承人,成都蜀锦织绣博物馆[2]是蜀锦工艺的传承单位。蜀锦也是日本国宝级传统工艺品京都西阵织的前身。

3. 云锦

云锦是中国汉族传统的丝制工艺品之一,至今已有1500多年的历史。云锦色泽光丽灿烂,状如天上云彩,故名云锦。云锦区别于蜀锦、宋锦的重要特征是大量用金(圆金、扁金)做装饰,用色丰富自由,纹饰醒目。其品种主要有三类,即库缎、库锦、妆花。现代只有南京生产,常称为"南京云锦"。现在云锦还保持着传统的特色和独特的技艺,仍使用传统的老式提花木机织造。

---

[1] 山谦之《丹阳记》说:"历代尚未有锦,而成都独称妙,故三国时魏则市于蜀,吴亦资西蜀,至是乃有之。"

[2] 成都蜀锦织绣博物馆坐落于浣花溪畔(成都蜀锦厂旧址),2009年对外开放,是国内最大的蜀锦、蜀绣展示、保护、研究中心。

云锦在元、明、清三朝均为皇家御用品、贡品，因其丰富的文化和科技内涵，被专家称作中国古代织锦工艺史上最后一座里程碑，被誉为"东方瑰宝""中华一绝"，是中国和世界最珍贵的历史文化遗产之一。

云锦过去专供宫廷御用或赏赐功臣之物，现除少数民族做衣饰外，还出口国外做高档服装面料。新中国成立后，在传统品种的基础上创新品种，如雨花锦、敦煌锦、金银妆、菱锦、装饰锦及台毯、靠垫等，供应蒙古族、藏族服饰和书画装裱、旅游纪念品、外贸等的需要。

4. 壮锦

壮锦是广西壮族自治区的民族传统织锦工艺品，据传起源于宋代，是广西民族文化的瑰宝。这种利用棉线或丝线编织而成的精美工艺品，图案生动，结构严谨，色彩斑斓，充满热烈、开朗的民族格调，体现了壮族人民对美好生活的追求与向往。忻城县是广西壮锦的起源地之一，有着悠久的历史和深厚的文化底蕴，忻城壮锦曾经是广西壮锦中的精品，作为贡品进献皇宫。

传统的壮锦是在装有支撑系统、传动装置、分综装置和提花装置的手工织机上，以棉纱为经，以各种彩色丝绒为纬，采用通经断纬的方法巧妙交织而成的艺术品，又称"僮锦""绒花被"，较为厚实。用于制作被面、褥面、背带心、背包、挂包、围裙、台布等。壮锦图案生动，结构严谨，色彩斑斓，常见的花纹有大万字、小万字，以及较复杂的双凤朝阳、凤栖牡丹、狮子滚球等。

手工织造的壮锦产量极低，一个熟练的妇女一天只能织一尺左右，一幅被面则至少需要用六尺的壮锦，加之人工和材料，一幅被面的成本在四五百元之上，因此手工壮锦产品不适合作为日用消费品，其意义在于是一种有民族特色的工艺品。

5. 织锦缎

织锦缎是在经面缎上起三色以上纬花的中国传统丝织物。织锦缎是 19 世纪末在中国江南织锦的基础上发展而来的,其纹样多采用梅、兰、竹、菊、八仙、福、禄、寿、禽鸟动物和波斯纹样。织锦缎造型古朴端庄而又不失活泼,质地丰满,绸面光洁精致,手感丰厚,色彩绚丽悦目,常用作棉袄、旗袍以及各种服饰面料等,也用于制作领带、床罩、台毯、靠垫等装饰用品。

第二节 纺、绉、纱、绢类织物

一、纺类织物

纺的主要特征是经纬丝均不加捻,应用平纹组织生织后再经练、染或印花等处理,构成绸面平整细洁、质地轻薄的花、素、条、格丝织物。纺类织物又称纺绸,可采用桑蚕丝、粘胶丝、合纤丝,或用合纤丝作经,粘胶纱、绢纺纱作纬。纺类织物属中、低档丝绸,适用范围较广。

1. 电力纺

电力纺是桑蚕丝生织纺类丝织物,以平纹组织织制。因采用厂丝和电动丝织机取代土丝和木机织制而得名,其织物质地紧密细洁,手感柔挺,光泽柔和,穿着滑爽舒适。重磅的电力纺主要用作夏令衬衫、裙子面料及儿童服装面料;中等的可用作服装里料;轻磅的可用作衬裙、头巾等。

2. 绢丝纺

绢丝纺又称绢纺,是用桑蚕绢丝织制的平纹纺类丝织物。其手感柔软,有温暖感,质地坚韧,富有弹性。主要用作内衣、衬衫、睡衣裤、练功服等。

3. 尼龙纺

尼龙纺又称尼丝纺,为锦纶长丝织制的纺类丝织物。织物平整细密,绸面光滑,手感柔软,轻薄而坚牢耐磨,色泽鲜艳,易洗快干。主要用作男女服装面料。涂层尼龙纺不透风、不透水,且具有防羽绒钻出的功能,多用作滑雪衫、雨衣、睡袋、登山服的面料。

4. 富春纺

富春纺是粘胶丝(人造丝)与棉型粘胶短纤纱交织的纺类丝织物。这种织物绸面光洁,手感柔软滑爽,色泽鲜艳,光泽柔和,吸湿性好,穿着舒适。富春纺主要用作夏季衬衫、裙子面料或儿童服装。

5. 涤丝纺

涤丝纺织物的原料为涤纶长丝,组织为平纹。其成品可做运动服、滑雪衣、太阳伞或装饰用面料等。

二、绉类织物

绉类织物以平纹组织或绉组织作地,运用组织结构和各种工艺的作用(如经纬均加强捻,或经加强捻、纬加弱捻,或经不加捻、纬加强捻,以及利用张力大小不同,或原料强伸强缩的特性等)进行生织,织成后再经练、染、印等处理。织物表面呈现皱纹效应,且富有弹性。

1. 双绉

薄型绉类丝织物,以桑蚕丝为原料,经丝采用无捻单丝或弱捻丝,纬丝采用强捻丝。织造时纬线以两根左捻线和两根右捻线依次交替织入,织物组织为平纹,这种织物又称双纤绉。经精练整理后,织物表面起皱,有微凹凸和波曲状的鳞形皱纹。织物手感柔软滑爽,富有弹性,光泽柔和,抗皱性能良好,穿着舒适,主要用作男女衬衫、衣裙等服装。

除染色和印花双绉外,还有织花双绉,织物外观呈现彩色条格、空格或散点小花。此外,还有人丝双绉和交织双绉等。双绉织物缩水率比较大。

2. 碧绉

碧绉系绉类丝绸织物,一般采用强捻纱并配合一定的织物组织结构制成。碧绉绸面不同于双绉,除有细小皱纹外,还伴有粗斜纹状。碧绉织物质地紧密细致,手感柔软滑爽,皱纹自如,光泽柔和,弹性好,轻薄透气。碧绉主要用作夏令男女衬衫、妇女衣裙、中式衣衫等。碧绉一般较双绉厚,其缩水率也较大,约在10%。

3. 乔其纱

乔其纱又称乔其绉。其质地轻薄透明,手感柔爽富有弹性,外观清淡雅洁,具有良好的透气性和悬垂性,穿着飘逸舒适。适于制作妇女连衣裙、高级晚礼服、头巾、宫灯工艺品等。

4. 留香绉

留香绉是用桑蚕丝和有光人造丝织制的平纹绉地经起花的生织丝绸,又称重经绉。留香绉质地柔软,富有弹性,花形饱满,光泽明亮,花纹雅致,色泽鲜艳。主要用作妇女春、秋、冬季衣服面料和旗袍面料。

三、纱类织物

纱类织物是指应用纱罗组织在绸面布满整齐等距的绞纱孔眼的花、素丝织物。纱类织物的特征是全部或者部分采取纱组织,绸面呈现清晰纱孔。根据提花与否,分为素纱和花纱。花纱指在地组织上提绞经花组织,或在绞经地组织上提平纹等花组织的纱类织物。

1. 莨①纱绸

莨纱绸又名香云绸或黑胶绸,由平纹织物经晒莨(如图 5-1)后制成。纱经过晒莨染整后叫莨纱,绸经过晒莨染整后叫莨绸,合称为莨纱绸。莨纱绸表面乌黑发亮、细滑平挺,耐晒、耐洗、耐穿,干后不需熨烫,具有挺爽柔滑、透凉舒适的特点,缺点是表面漆状物耐磨性较差,揉搓后易脱落,因此,洗涤时宜用清水浸泡洗涤。莨纱绸宜做东南亚亚热带地区的各种夏季便服、旗袍、短袖衫、唐装等。

图 5-1　晒莨

2. 夏夜纱

夏夜纱是用桑蚕丝为经线与人造丝、金银线两组纬线交织成的色织提花绞纱织物。质地平整爽挺,花纹纱孔清晰,地纹银(金)光闪烁,高贵华丽,风格新颖别致。夏夜纱宜做妇女高档衣料、装饰品等。

3. 涤纶绸

涤纶绸原料为涤纶长丝,其质地松薄柔软,宜做服装、窗帘、装饰绸等。

---

①　"莨"是一种藤本植物,全称为"薯莨"。薯莨里所含的单宁成分可以用来对丝织品进行晒莨染整。

四、绢类织物

绢类织物是采用平纹或平纹变化组织(如重平纹组织)进行色织或半色织形成的花、素丝织物。绢类织物常采用桑蚕丝、粘胶丝纯织,或桑蚕丝同粘胶丝或其他化纤长丝交织。其经纬丝不加捻或加弱捻。绢类织物绸面细密、平整,质地轻薄,布身挺括。

1. 塔夫绢

塔夫绢又称塔夫绸,是以复捻熟丝为经纱、并合单捻熟丝为纬纱且以平纹组织织制的丝织品。塔夫绸紧密细洁,绸面平挺,光滑细致,手感硬挺,色泽鲜明,色光柔和明亮,不易沾灰。主要用作妇女春、秋服装和节日礼服以及羽绒服面料等。

2. 天香绢

天香绢又称双纬花绸,是一种桑蚕丝与粘胶丝交织的半色织提花丝织物。其地组织为平纹组织,花纹部分为缎纹组织。绸面细洁雅致,织纹层次较丰富,质地紧密,轻薄柔软。主要用作春、秋、冬季妇女服装和婴儿斗篷面料等。

3. 桑格绢

桑格绢质地细洁精致,爽滑平挺,格形图案美观大方,是一种高级熟丝织物,常用作外衣、礼服或毛毯镶嵌绲边等。

4. 画绢

绘画用的绢,其结构紧密,表面平洁,专为装裱书画、裱糊扇面、扎制彩灯等用,在古代常用作抄诗写赋、记载文献经文等。

第三节　呢、绒、葛、绨、绡类丝绸织物

一、呢类织物

呢类丝织物是以绉组织、平纹组织、浮点较小的斜纹组织或其他混合组织作地,采用较粗的有捻或无捻经纬丝织制的花、素丝织品,其质地丰厚似呢,布面无光泽。

1. 博士呢

素博士呢织纹精致,光泽柔和,富有弹性。提花博士呢地部光泽柔和,织纹雅致,花部缎面光亮,图案古朴端庄,手感爽挺、弹性好,是优秀传统品种之一,多用作春秋服装和棉袄面料。

2. 大伟呢

大伟呢花纹素静,光泽柔和,质地紧密,手感厚实柔软,有毛料感,坚实耐用,主要用作秋冬季男女夹衣、棉衣面料等。

3. 丝毛呢

丝毛呢是由柞蚕丝、羊毛混纺纱织制的呢类织物。织物质地厚实而富有弹性,有较强的毛型感,宜做西服面料或套装。

二、绒类织物

绒类丝织物全部或部分采用起绒组织,表面呈现耸立或平排的紧密绒毛或绒圈,是一种高级丝织物。丝绒织物品种繁多,按织造方式分为:采用双层组织,织成后分割为上下两层丝绒的双层起绒织物;将织物表面的绒经或绒纬浮长线割断而形成的通绒织物;用起毛杆使绒经形成毛圈或绒毛的杆起绒织物等。

1. 漳绒(天鹅绒)

漳绒是中国传统丝织物之一,因起源于福建漳州,故名"漳绒",亦称"天鹅绒",有花漳绒和素漳绒两种。花漳绒是指将部分绒圈按花纹割断成绒毛,使之与未断的线圈连同构成纹样;素漳绒则表面全为绒圈。一般漳绒用桑蚕丝作经纬纱,或以蚕丝作经纱、棉作纬纱,再以桑蚕丝(或人造丝)起绒圈。织造时,每织四根绒线便织入一根起绒杆(即细铁丝),织到一定长度时即在机上用割刀沿铁丝剖割,即成毛绒。这种织物的绒毛或绒圈浓密耸立,光泽柔和,质地坚牢,色光文雅,手感厚实。主要用作妇女高级服装、帽子的面料等。

2. 乔其绒

乔其绒是用桑蚕丝和粘胶人造丝交织的双层经起绒丝织物。其织物的绒毛浓密,手感柔软,富有弹性,光泽柔和,色泽鲜艳。主要做妇女晚礼服、长裙、围巾等服饰面料,也可做帷幕、靠垫、沙发以及工艺美术品等的装饰面料。

3. 金丝绒

金丝绒是桑蚕丝和粘胶人造丝交织的单层经起绒丝织物,是一种高档丝织物。其质地柔软而富有弹性,色光柔和,绒毛浓密耸立略显倾斜状,主要做妇女衣服、裙及服饰镶边等。

三、葛类织物

葛类丝织物采用平纹、平纹变化组织(如经重平)或急斜纹组织织制,其经纬纱一般均不加捻,经细纬粗,经密纬稀,织物横向有明显的横菱凸纹。葛类织物的经纱采用粘胶丝,纬纱采用棉纱或混纺纱,也有经纬均采用桑蚕丝或粘胶丝的。葛类织物一般手感较硬,质地厚实。葛有不起花的素织葛和提花葛两类。提花葛是在有横菱纹的地组织上起经缎花,花形突出,别具风格。

1. 文尚葛

文尚葛是采用粘胶丝与丝光棉纱交织的葛类织物,以联合组织织成,外观具有分明的横凸纹,质地精致严密而较厚实,色光柔和,有素文尚葛和花文尚葛之分,大多用作春、秋、夏季服装,还可做沙发面料、窗帘等。

2. 金星葛

金星葛是桑蚕丝与粘胶丝、金银丝交织或镶嵌有粗且蓬松的填芯纬纱的葛类丝织物。织物表面形成立体感较强的提花效果。织物质地坚牢,花地凹凸分明,金银丝闪烁炫目,是一种高级装饰面料,主要用作床垫和沙发面料。

3. 素毛葛

素毛葛是采用粘胶丝与天然毛纱或棉纱交织的平纹类葛类织物。其经纬密相差很大,经密约为纬密的4倍,故绸面横凸纹分明,质地厚实,光泽柔和,类似于文尚葛。素毛葛常用作春秋装或棉袄面料。

4. 印花葛

印花葛表面具有横菱纹路,织纹精致,光泽悦目,质地柔软,多做衬衣、睡衣等服装面料。

四、绨类织物

绨类丝织物是采用有光粘胶丝作经纱,棉纱(棉线、蜡线)作纬纱,以平纹组织作地组织的花、素织物。根据所用纬纱不同,可以分为线绨(丝光棉纱作纬)、蜡线绨(蜡线作纬)等。根据提花与否,又分为素线绨和花线绨。绨类织物质地较粗厚。

1. 花线绨

花线绨又称花绨。织物平整紧密,花点清晰,色泽匀净。主要用作夹衣袄料等。

2. 蜡线绨

蜡线绨绸面光洁,手感滑爽。多用作秋冬季服装面料或被面、装饰绸等。

3. 素绨

素绨织物质地粗厚紧密,织纹简洁清晰,光泽柔和,宜做男女袄料等。

五、绡类织物

绡类织物一般采用平纹或变化平纹组织织制,其经纬加捻,密度较小。绡类织物轻薄透明,有清晰孔眼。绡类织物按加工方法的不同,可分为真丝绡、尼巾绡、烂花绡和条花绡等。

1. 真丝绡(素绡)

织物刚柔糯爽,手感平挺略带硬性。真丝绡主要用作妇女晚礼服、婚纱、戏装等的面料。

2. 尼巾绡(锦丝绡)

织物轻薄透明,孔眼方正,晶莹闪亮,质地平挺细洁,手感柔软有弹性。尼巾绡主要用于制作妇女头巾、围巾、婚纱等。

3. 烂花绡

织物花地分明,地部轻薄透明,花纹光泽明亮。烂花绡宜做窗纱、披纱、裙料等。

4. 条花绡

织物质地平挺,孔眼清晰,条子图案大方,光泽鲜艳。条花绡宜做妇女衣裙料。

第四节 丝绸产品的鉴别与保养

一、丝绸产品的鉴别

丝绸作为旅游商品,越来越受到消费者的喜爱,但许多人对丝绸的性能特点还不大了解,无法鉴别丝绸产品。

丝绸分真丝绸与仿丝绸两种。一块衣料或一件服装,要判定是否是真丝、棉、麻、毛或人造纤维时,一般是由经验判定。如长期接触各种织物的售货员、缝纫工等,他们凭经验通过眼看手摸就可判定织品的原料。但现在合成纤维很多,锦纶、涤纶、粘胶纤维的超细丝和异型丝,可制成仿真丝绸,足以以假乱真,仅凭眼看手摸有时很难判定其真伪。因此要用多种方法综合分析和研究,方能得出准确的结论,如燃烧鉴别法、显微镜观察鉴别法、溶解鉴别法、化学药品着色鉴别法、熔点差异鉴别法和红外光谱鉴别法等。消费者没有必要的检测条件,怎样来鉴别丝绸的真伪呢?下面就常见的丝绸品种及鉴别方法做简要介绍。

1. 品号识别

国产绸缎实行中国丝绸总公司制定的统一品号。品号由5位阿拉伯数字组成,左边第一位数字表示料子的品种。全真丝织物品号(包括桑蚕丝、绢丝)为"1",化纤织物为"2",混纺织物为"3",柞蚕丝织物为"4",人造丝织物为"5",交织物(包括醋酸纤维丝织物)为"6",被面织物为"7"。

2. 感官识别

(1)目测法:真丝绸有珍珠秀丽的光泽,柔和优雅。而化学纤维的织物光泽不柔和,明亮刺眼。

(2) 手感法：蚕丝手感柔软，贴近皮肤时滑爽舒适。由于真丝比重小，所以真丝制品手感轻柔，色泽光亮润滑，手捻略微发涩。

3. 燃烧识别

(1) 桑蚕丝在靠近火焰时会卷曲，接触火焰时会熔化、燃烧，离开火焰时略带闪光，难以续燃，会自熄。蚕丝在燃烧时有烧焦的羽毛味，燃烧后的残留物呈黑色，且蓬松、较脆易碎。

(2) 人造丝（粘胶纤维）燃烧时有烧纸夹杂化学味，其续燃极快。燃烧后无灰烬或有少量灰黑色灰烬。

(3) 锦纶、涤纶燃烧时有极弱的甜味，不直接续燃或续燃慢，灰烬硬圆，成珠状。

二、丝绸产品的保养

自古以来，真丝就有"纤维皇后"的美誉。到了现代，人们又赋予了它"健康纤维""保健纤维"的美称。因此，真丝纤维的保健功能是任何纤维都无法相比、无法替代的。真丝纤维中含有人体所必需的18种氨基酸，与人体皮肤所含的氨基酸相差无几，故又有人类的"第二皮肤"的美称。穿真丝衣服，不但能防止紫外线的辐射，防御有害气体侵入，抵抗有害细菌，而且还能增强体表皮肤细胞的活力，促进皮肤细胞的新陈代谢，同时对某些皮肤病有良好的辅助治疗作用。另外，由于真丝织物特殊的吸湿性和透气性，还有调节体温、调节水分的作用。

丝绸中的织锦缎、古香缎、大花软缎、乔其绒、金丝绒、漳绒、妆花缎、金宝地以及轻薄的纱、绡、色织塔夫丝绸等，都不能水洗而只能干洗。能够水洗的丝绸织物，在洗涤时要结合其各自特点，使用不同的洗涤方法。下面就介绍一些丝绸织物的养护常识。

(1) 深色的服装或丝绸面料应该同浅色的分开来洗。

(2) 汗湿的真丝服装应立刻洗涤或用清水浸泡，切忌用30度以上的热水洗涤。

（3）桑蚕丝耐酸而不耐碱，最好用丝绸专用洗涤剂。洗涤丝绸时要用酸性洗涤剂或弱碱性洗涤剂。

（4）最好用手洗，切忌用力拧搓或用硬刷刷洗，应轻揉后用清水漂净，用手或毛巾轻轻挤出水分，在背阴处晾干。

（5）应在八成干时熨烫，且不宜直接喷水，并只能熨服装反面，将温度控制在100—180℃之间。

（6）真丝制品不耐日晒，日晒会导致褪色。收藏真丝制品时，应将其洗净、晾干，在叠放后用布包好放在避光通风的地方，有条件的最好将衣物悬挂放置。

三、丝绸制品的质量要求与技术标准

丝绸制品种类繁多，对于不同的产品其技术指标要求也不同，一般分为技术要求和外观疵点（品质）。其技术指标大致包括：外观疵点（经向疵点、纬向疵点、糙、修整不良、纤维损伤、破损、渍、练整不良、色泽深浅）、幅宽、密度（经密、纬密）、质量（重量）、断裂强力、尺寸变化率、染色牢度（耐洗、耐水、耐汗渍、耐光、耐摩擦、耐熨烫、耐干洗色牢度）、织物厚度、渗水性、表面抗湿性和起球、阻燃性能、织物悬垂性等。

产品一般分为优等品、一等品、二等品、三等品和等外品。

详细内容请参看有关的国家标准和行业标准。例如：

FZ/T 43001—1991　　桑蚕䌷丝织物

FZ/T 43002—1991　　涤纶仿真丝丝织物

FZ/T 43003—1991　　涤纶仿毛丝织物

FZ/T 43004—1992　　桑蚕丝纬编针织绸

FZ/T 43008—1998　　和服绸

FZ/T 43009—1999	桑蚕双宫丝织物
FZ/T 43011—1999	锦、缎类丝织物
FZ/T 43012—1999	防水锦纶丝织物
FZ/T 43013—1999	丝绒织物
FZ/T 17253—1998	合成纤维丝织物
GB/T 15551—1995	桑蚕丝织物
GB/T 16605—1996	再生纤维素丝织物
GB/T 9127—1988	柞蚕丝织物

第五节 丝绸纹样

丝绸纹样[①]是指丝绸织物上的花纹图案，随着新旧文化和中西文化的交融，加之历代人们的审美观念的变化，纹样成为传播丝绸文化的一种语言。丝绸纹样是实用美术中的一个艺术门类，在艺术表现上不仅呈现造型、结构、色彩的形式美，而且表达出喜庆、富贵、吉祥、平安等大家能读懂的内涵。中国传统的丝绸纹样是中华民族文化艺术的组成部分之一，反映了典雅的东方艺术特点。设计纹样不仅题材要新颖、艺术上要灵活变化，还要结合织物组织结构特点、织造工艺和织物用途等因素，将艺术美贯穿于组织结构、纤维、工艺、服饰、用途及流行趋势等一系列设计过程中。

纹样题材主要分为自然景物和各种几何图形（包括变体文字等）两大类，有写实、写意、变形等表现手法。纹样分为连续纹样和单独纹样。连续纹样是以一个花纹为单位，向上下或左右两个方向

---

① 中国丝绸档案馆对各种丝绸纹样进行收集、整理和展示。中国丝绸档案馆位于苏州，是一所国家级专业档案馆。该档案馆集收藏、保护、利用、研究、展示、教育、宣传等功能于一体，具有行业特色和苏州特色。

或四个方向做反复连续排列。两个方向的连续纹样叫二方连续纹样,经常用于裙边、花边、床罩、台布框边等织物;四个方向的连续纹样叫作四方连续纹样,常用于服装、沙发面料。单独纹样就是以一个花纹为独立单位,不与其他花纹发生连续排列的关系,其中最基本的形式是以边缘轮廓纹样、角隅纹样和中心纹样综合而成,主要用于各种日用装饰性织物。

一、丝绸纹样的类别

当代丝绸产品的纹样,设计界通常根据其题材内容和表现方法分为几何纹样、自然纹样和抽象纹样。根据纹样来源分为传统纹样和外来纹样。

几何纹样:规则的几何纹样构图严谨大方,不规则的几何纹样活泼、现代感强,几何加花纹的纹样(如在几何纹样中镶嵌自然花卉)可以将严谨与灵活有机地结合起来。

自然纹样:有动物纹样、植物花卉纹样、风景纹样、建筑纹样、器物纹样等,表现手法有写实与变形两类。写实花卉比较传统,也称工笔写实;变形花卉现代感强烈,也称写意花卉。

抽象纹样:也称装饰纹样。其不强调物象,而以块面、线条、色彩取胜,或模仿水波、岩石、木头等自然物体表现的肌理效果,给人似是而非的美感。

传统纹样:一般指中国古典纹样,如梅兰竹菊、岁寒三友、龙凤麒麟、亭台楼阁、铜钱锁眼等含有一定寓意的构图。

外来纹样:是指从国外传入的染织纹样,如波斯纹样(火腿纹样)、欧洲建筑、贝壳丛林、汽车玩具等具有明显外来风格的抽象和几何纹样。

二、提花品种纹样特点

我国丝绸提花织物因其悠久的历史和鲜明的民族特色,较多地体现了传统艺术特点,被誉为"东方艺术之花"。

提花织物是用不同原料、捻度、色彩的丝线,按照规律要求沉浮在织物表面而形成花纹的织物。其品种繁多,设计时必须和特定的品种与工艺结合起来,自由发挥的余地不如印花织物那么大。无论写实纹样还是变形抽象纹样,轮廓与细部、花与地都必须交代清楚,同时要体现丝绸本身的光泽、厚薄、纹路等肌理效果。

提花织物常用的表现方法以线条勾勒、色彩平涂为主,必要时加上点绘、撇笔、燥笔、退晕等方法,以表现纹样的立体效果,花型以饱满圆润为多。

三、印花品种纹样特点

丝绸印花主要为服装用丝绸匹料印花,以及围巾、领带等丝绸复制品印花,室内装饰织物及服装件料印花的数量不多。

印花丝绸是通过不同的色板在坯绸上套印而成的,有直接印和雕印(防染印)之分。因为不必过多考虑织物的组织结构、织造工艺等,设计发挥的余地比提花织物大得多。

印花图案有较强的表现力,设计时可以运用多种工具来达到纹样多样、层次丰富、变化多端的效果。

现代印花技术与设计方法是近代从国外传入的,因此没有厚重的传统积累,现代感强,同时强调流行,要求生动活泼、花色变化快,能及时跟上市场的需要。

第六章
丝绸文化的价值体现

文化价值是社会产物,是指客观事物所具有的能够满足一定文化需要的特殊性质或者能够反映一定文化形态的属性。丝绸是中国古老文化的象征,中国古老的丝绸业为中华民族文化织绣了光辉的篇章,对促进世界人类文明的发展做出了不可磨灭的贡献。

几千年前,当丝绸沿着古丝绸之路传向欧洲,它所带去的,不仅仅是一件件华美的服饰、饰品,更是东方古老灿烂的文明,丝绸从那时起,几乎就成了东方文明的传播者和象征。

丝绸制作,不仅成了中国古代社会几千年的基本劳作手段,也形成了一个完整的染织工艺体系,同时其文化价值也在各领域与民众生活密不可分。

第一节 丝绸与绘画

1. 丝绸是中国画的载体

中国画即国画(中国传统绘画形式)。国画在古代无确定名称,一般称之为丹青,主要指的是画在绢、宣纸、帛上并加以装裱的卷轴画。汉族传统绘画形式是用毛笔蘸水、墨、彩作画于绢或纸上,这种画种被称为"中国画",简称"国画"。国画的工具和材料有毛笔、墨、颜料、宣纸、绢等,题材可分为人物、山水、花鸟等,技法可分为工笔和写意。从美术史的角度讲,1840年以前的绘画统称为古画。中国画在内容和艺术创作上,体现了古人对自然、社会及与之相关联的政治、哲学、宗教、道德、文艺等方面的认识。

中国画起源甚早,一开始是在岩石上、身体上、陶器上作画。纺织品发明后,在衣裳上作画。冶炼术发明后,在青铜器上作画。最后中国画终于找到了生长的土壤——缣①帛,由此,丝织品和中国绘画结下了不解之缘,可以说,没有丝织品就没有中国画。长沙出土的战国时期中国画《人物夔凤图》,被认为是中国画的鼻祖,就是一幅帛画。春秋战国最为著名的帛画还有《御龙图》。这些早期绘画奠定了后世中国画以线为主要造型手段的基础。

2. 丝绸影响了中国画的技法

中国画的基本技法包括白描、水墨、工笔。白描是指单用墨色线条勾描形象而不施彩色的画法;白描也是文学表现手法之一,主要用朴素简练的文字描摹形象,不重辞藻修饰与渲染烘托。水墨一般指用水和墨所作之画。基本的水墨画仅有水与墨,颜色仅有黑色与白色。作画时,以墨与不同量的清水(引为浓墨、淡墨、干墨、湿墨、焦墨等)画出不同浓淡(黑、白、灰)层次,别有一番韵味,称为"墨韵"。工笔画是以精谨细腻的笔法描绘景物的中国画表现方式,无论是人物画、花鸟画,都力求形似,"形"在工笔画中有十分重要的地位。和水墨写意画不同,工笔画更多地注重细节和写实。

丝绸的特性极大地影响了中国美术人物画的风格和技法。中国古代人物画与中国传统丝绸服装有着紧密而悠久的联系。中国画讲

---

① "缣",指多根丝线并在一起织成的丝织品,质地细薄。

究神韵,讲究主观感觉的表现,在技法上讲究线条的运用,所以在中国人物画中,通过线条描绘衣纹,通过独特的衣纹表现人物的气质神韵,就成为中国人物画的特点。中国人物画的衣纹十分独特,一是中国丝绸服装独特的静态悬垂感,二是中国丝绸服装独特的动态飘逸感。在表现丝绸这种悬垂衣纹方面,中国绘画创造了各种笔法,有人称之为"十八描"笔法,这是根据历代各派人物的衣褶表现技法归纳出来的。明代周履靖《夷门广牍》中有记载,如琴弦描、铁线描、行云流水描、柳叶描、竹叶描、蚯蚓描等,或者按照线条的形象,或者按照线条流畅的程度,或者按照动植物名称来命名。这些丰富的绘画技法也说明丝绸衣纹的多姿多彩。

曹仲达,魏晋南北朝时期北齐著名画家,以画印度佛画和人物像著称,逐步形成了类似于佛教艺术手法"薄衣贴体"的风格,在中国绘画史上称作"曹衣出水",也被叫作"曹衣描"。(见图6-1)

图6-1 曹衣描风格画(局部)

顾恺之,东晋著名人物画家,其《洛神赋》《女史箴图》(见图6-2)等名作,都是通过衣纹的描绘来表现不同人物的神韵,而且服饰本身的形象也是千姿百态,这些衣衫通过千变万化的线条来描绘,丝绸的神韵得到了淋漓尽致的表现。顾恺之的人物画中多有神仙和宫廷侍女,其服饰形象都处于缥缈的仙境氛围之中,充满了浪漫主义气息,丝绸的轻吟和在风中的复杂变化得到了充分体现。后代人称之为"高古游丝描"。

图6-2　女史箴图

吴道子,唐代著名画家,热衷于表现动态中的丝绸服饰的飘逸感,其壁画就是用"天衣飞扬"般的绘画艺术而使观者感到"满壁飞动"。那些人物穿着宽松肥大的丝绸衣衫,或伫立风中或飞动天际,衣褶致

图6-3　吴道子线描人物画

密,曲折柔婉,营造出一种宛如仙境的艺术世界,我们常说"吴带当风",极好地表现出丝绸服饰的飘逸感。(见图6-3)

第二节　丝绸与文学

1. 丝绸与文字

在已经发现的甲骨文中,以"糸"为偏旁的有100多个。许慎《说文解字》所收字中"糸"旁260个,"巾"旁75个,"衣"旁120多个,都直接或间接与丝绸纺织有关。在以"糸"为偏旁的文字中,关于纺织丝绸业的有缫、绎[1]、经、纬、绘、织、综[2]、统、纪、纺、绝、继、续、绍[3]、纤、约、紊、辫、结、练、绣、缋、编、缉等;关于纺织纤维和纺纱搓线的有绪、缅、纯[4]、绡、绺[5]、细、级、线、缕、绳、纫、缪、绸等;关于纺织品种类的有缯、纨、绮、缣、缔、绫、缦等;关于纺织品色彩的有绿、缥、缇、紫、红、绀、缲、缁、缛等;关于服装饰品的有缨、绅[6]、绶[7]、组、纽、纶、缘[8]、绔、绦[9]等,其他还有纸、彝、绥等。这些文字中,关于丝绸工艺和服饰的文字占大多数,约为50%,其次为关于丝绸品种的文字,占35%左右,其

---

[1] "绎",抽出,理出头绪。
[2] "综",织布机上带着经线上下分开形成梭口的装置。
[3] "绍",礼仪上牵引用的带索,新郎借助帛带引导新娘走向婚礼的殿堂,这条帛带就是"绍"。
[4] "纯",染丝工序完成后,即将同一批次的染好颜色的丝线打包。
[5] "绺",衣服因下垂而起褶皱。
[6] "绅",中国古代服装名,是指古人用大带束腰后垂下的带头部分。可作为已婚的标志。
[7] "绶",一种丝质带子,古代常用来拴在印纽上,后用来拴勋章。
[8] "缘"字由丝(纟)、互(把上下两横去掉表示相交并拴住)、豕三部分组成,也可以理解为用丝拴住两家的猪作为定情与婚配的信物。在远古时期,猪是财富的象征,丝为珍贵的象征,婚姻生育是人生当中最重要的事情,既然成为亲家就不可以反悔和离婚,因此"缘"就成为表示男女结为夫妻不离不弃的最重要用语。
[9] "绦"指用丝线编织成的花边或扁平的带子,可以装饰衣物。唐代诗人贺知章有"碧玉妆成一树高,万条垂下绿丝绦"的诗句。

他约占 15%。

到南北朝时期,由纺织丝绸衍生出来的文字进一步增加。梁顾野王《玉篇》收录与"糸"相关的文字共计 400 余字。而到宋本《玉篇》中则收"糸"部计 459 字,"巾"部 172 字,"衣"部 294 字。至清代《康熙字典》中的"糸"部约有 830 字,又较宋代增加很多。这说明中国语言与丝绸的关系相当密切。

2. 丝绸与词语、成语

在现代汉语中,源自丝绸纺织的一些文字还有很多词语和成语,大大地丰富了我们民族的语言,增强了表达力,如"综合""继续""线索""约束""编辑""组织""机构""联络""连绵""经天纬地""锦心绣口""提纲挈领""作茧自缚""青出于蓝而胜于蓝""近朱者赤,近墨者黑"等。

其中,"作茧自缚"原指一条家蚕吐丝结茧的过程,后多用来指自我束缚、自我封闭。"锦上添花"是指在织锦的底子上再添加花纹,比喻美上加美。黄庭坚在《了了庵颂》中云:"又要涪翁作颂,且图锦上添花。""锦绣前程"中的"锦绣"是指精致华美的丝织品。元代贾仲名《对玉梳》:"想着咱锦绣前程,十分恩爱。"比喻前途像丝绸一样美好。"衣锦还乡"中的锦是古代最珍贵的丝织品,故"衣锦"常指富贵。《释名》记载:"锦,金也,作之用功重,其价如金。"此外,"锦心绣口""锦绣河山"等都是用丝织物的美丽来形容其他事物的美丽。"经天纬地"取经纬相交构成整个天地之意,如今的地理学上所用的"经度""纬度"就来源于此。"强弩之末"指强弩所发之矢飞行已达末程,连轻薄的鲁缟也穿不破。比喻势力已经衰竭,不能再起作用。鲁缟,古代为山东鲁国的丝绸产品,为一种白色生绢,较薄。《三国志·蜀书·诸葛亮传》:"此所谓强弩之末,势不能穿鲁缟也。""丝丝入扣"是指在织绸时,经丝有条不紊地从扣眼中穿过,一一合拍,丝毫没有差错。清代夏敬渠在《野叟曝言》中写道："此为丝丝入扣，暗中抛索，如道家所云三神山舟不得近，近者辄被风引回也。"此外，"两厢厮守"也与丝绸有关。古代江南大户人家，若生女婴，会在家中庭院栽香樟树一棵，香樟树长大时，女儿差不多也到了待嫁年龄。媒婆在院外只要看到此树，便知该家有女儿待嫁，即可前来提亲。女儿出嫁时，家人便将树砍掉，做成两个大箱子，放入丝绸，作为嫁妆，取"两厢厮守（两箱丝绸）"之意。

此外，与丝绸纺织有关的词语也有很多。"组织"的原意是织物的经纬线交织的结构，后泛指各种人为的组合；"机构"乃是织机的结构，后泛指一切机械和组织结构；"综合"原是指众多的丝线穿过综眼而被有序地集合在一起；"青出于蓝而胜于蓝"为蓝草染料在染色后能得到比草色更深的色彩，用于比喻后辈超过前辈；"近朱者赤，近墨者黑"则是对染工整日在染缸旁被染料沾染的形象描绘，比喻人的思想易受朋友或环境的影响；"废学如断织"则出自汉代乐羊子中途停学，其妻引刀断织以劝诫夫君的故事，意思是学习半途而废，如同断织于机上。

3. 丝绸与诗歌

除了大量专业性的纺织科技著作，如《蚕书》《梓人遗制》《天工开物》等直接记述丝绸生产外，中国古代还有大量的诗词小说等文学作品与丝绸生产有关。这些文学作品出现的基础是封建社会中男耕女织的生产状况。由于家庭丝织在古代社会中具有极为重要的地位，女性又较易成为文人描写的对象，因此，"女织"就成为文学家笔下的重要题材了。这类实例极多。

我国最早的文学作品《诗经》中已有许多关于丝绸生产的描述。著名的《豳风·七月》中有一段描写蚕桑丝绸生产的诗句："七月流火，八月萑苇。蚕月条桑，取彼斧斨，以伐远扬，猗彼女桑。七月鸣鵙，八月载绩。载玄载黄。我朱孔阳，为公子裳。"

第六章 丝绸文化的价值体现

再如《小雅·采绿》则与染色染草有关:"终朝采绿,不盈一匊。予发曲局,薄言归沐。终朝采蓝,不盈一襜。五日为期,六日不詹。"到汉魏六朝时,仍然有大量与丝绸有关的诗歌被记录下来,如《古诗五首》《先秦汉魏晋南北朝诗》《汉诗》等。

唐代是我国诗歌创作的高峰期,各种与丝织相关的诗歌更多。许多著名诗人均写下了这类诗篇或诗句,如杜甫的《白丝行》和李商隐"春蚕到死丝方尽"的诗句等。唐代诗人中以此为题材写得最多的是白居易、王建等人。白居易是一位现实主义诗人,多有反映劳动人民生活的作品,如《缭绫》《红线毯》《重赋吟》等,专以丝绸生产为题。其中《缭绫》一首广为传唱:"缭绫缭绫何所似?不似罗绡与纨绮。应似天台山上明月前,四十五尺瀑布泉。中有文章又奇绝,地铺白烟花簇雪。织者何人衣者谁?越溪寒女汉宫姬。去年中使宣口敕,天上取样人间织。织为云外秋雁行,染作江南春水色。广裁衫袖长制裙,金斗熨波刀剪纹。异彩奇文相隐映,转侧看花花不定……"

王建是晚唐诗人,写了《簇蚕词》《田家行》《织锦曲》《捣衣曲》等许多反映蚕桑丝织生产的诗。其中,《织锦曲》描写四川织锦户的生活:"大女身为织锦户,名在县家供进簿。长头起样呈作官,闻道官家中苦难。回花侧叶与人别,唯恐秋天丝线干。红缕葳蕤紫茸软,蝶飞参差花宛转……"

宋代以词著名,词中也有不少对蚕桑景象的描绘。苏轼《浣溪沙》就曾描写农村的缫丝生产:"麻叶层层苘叶光,谁家煮茧一村香,隔篱娇语络丝娘……"以及"簌簌衣巾落枣花,村南村北响缫车,牛衣古柳卖黄瓜……"

辛弃疾有《鹧鸪天》:"陌上柔桑破嫩芽,东邻蚕种已生些。"又有《粉蝶儿》云:"昨日春如十三女儿学绣。一枝枝、不教花瘦。甚无情,便下得,雨僝风僽。向园林,铺作地衣红绉……"以上诗词均与丝绸生产有关。

　　而宋词中写得最好的丝织词要数无名氏的《九张机》，它写活了一个织锦女子把相思之情织入图案的故事："一张机，采桑陌上试春衣。风晴日暖慵无力，桃花枝上，啼莺言语，不肯放人归。两张机，行人立马意迟迟。深心未忍轻吩咐，回头一笑，花间归去，只恐被花知。三张机，吴蚕已老燕雏飞。东风宴罢长洲苑，轻绡催趁，馆娃宫女，要换舞时衣。四张机，咿哑声里暗颦眉。回梭织朵垂莲子，盘花易绾，愁心难整，脉脉乱如丝。五张机，横纹织就沈郎诗。中心一句无人会，不言愁恨，不言憔悴，只恁寄相思。六张机，行行都是耍花儿。花间更有双蝴蝶，停梭一晌，闲窗影里，独自看多时。七张机，鸳鸯织就又迟疑。只恐被人轻裁剪，分飞两处，一场离恨，何计再相随？八张机，回纹知是阿谁诗？织成一片凄凉意，行行读遍，恹恹无语，不忍更寻思。九张机，双花双叶又双枝。薄情自古多离别，从头到尾，将心萦系，穿过一条丝。"

　　再如汉乐府《陌上桑》，描写了一个采桑女子罗敷的故事，同样十分著名："日出东南隅，照我秦氏楼。秦氏有好女，自名为罗敷。罗敷善蚕桑，采桑城南隅。青丝为笼系，桂枝为笼钩。头上倭堕髻，耳中明月珠。缃绮为下裙，紫绮为上襦。行者见罗敷，下担捋髭须。少年见罗敷，脱帽著帩头。耕者忘其犁，锄者忘其锄。来归相怨怒，但坐观罗敷……"《陌上桑》是汉乐府民歌中著名的叙事诗之一。它叙述了一位采桑女反抗强暴的故事，赞美了罗敷的智慧，暴露了太守的愚蠢。此外，六朝有许多诗歌如《蚕丝歌》《采桑度》等也是以丝绸生产为题的。

　　还有汉代古诗《上山采蘼芜》也是描写丝绸生产的："上山采蘼芜，下山逢故夫。长跪问故夫，新人复何如？……新人工织缣，故人工织素。织缣日一匹，织素五丈余。将缣来比素，新人不如故。"

还有描写采桑女善良、美好形象的诗,比如曹植的《美女篇》:"美女妖且闲,采桑歧路间。柔条纷冉冉,落叶何翩翩。攘袖见素手,皓腕约金环。头上金爵钗,腰佩翠琅玕。明珠交玉体,珊瑚间木难。罗衣何飘飘,轻裾随风还。顾盼遗光彩,长啸气若兰。行徒用息驾,休者以忘餐。借问女安居,乃在城南端。青楼临大路,高门结重关。容华耀朝日,谁不希令颜?媒氏何所营?玉帛不时安。佳人慕高义,求贤良独难。众人徒嗷嗷,安知彼所观?盛年处房室,中夜起长叹。"

汉乐府《孔雀东南飞》,以叙事为主,长达 1700 多字,故事中有很多地方涉及织绸以及丝绸服装和服饰,表达了主人公爱情的悲剧:"孔雀东南飞,五里一徘徊。十三能织素,十四学裁衣,十五弹箜篌,十六诵诗书。十七为君妇,心中常苦悲。君既为府吏,守节情不移,贱妾留空房,相见常日稀。鸡鸣入机织,夜夜不得息。三日断五匹,大人故嫌迟。非为织作迟,君家妇难为!妾不堪驱使,徒留无所施,便可白公姥,及时相遣归。……鸡鸣外欲曙,新妇起严妆。著我绣夹裙,事事四五通。足下蹑丝履,头上玳瑁光。腰若流纨素,耳著明月珰。指如削葱根,口如含朱丹。纤纤作细步,精妙世无双……"

4. 丝绸与文学作品

1994 年,亚历山德罗·巴里科的作品《丝绸》一出版便立刻登上意大利畅销榜,热潮迅即燃烧整个欧洲,高居各国畅销榜单。巴里科的作品有着浓烈的艺术与童话气息,富有实验性与音乐感,浓缩着人类最为美好温暖的情感,既古老又新鲜,既传统又现代,散发着无穷的魅力。

北京大学考古学教授林梅村著有《丝绸之路散记》,从考古、语言、历史三个领域对丝绸之路进行研究,受到学术界的广泛关注。

《江村经济》是费孝通 1938 年在英国伦敦大学学习时撰写的博士论文,论文的依据是作者在江苏省吴江县开弦弓村的调查资料,最初以英文发表,题为《开弦弓,一个中国农村的经济生活》。1939年在英国出版,书名为《中国农民的生活》,书中作者将"开弦弓"取名为"江村"。1986年,江苏人民出版社出版中文本时沿用原书扉页上的《江村经济》一名。全书16章,蚕丝业作为单独一章节进行阐述,详尽地描述了江村这一经济体系与特定地理环境,以及与所在社区社会结构的关系。

在中国文学殿堂中,散文、小说、戏曲等对丝绸文化也有很多精彩的描绘,如冯梦龙的《醒世恒言》中曾写到江苏盛泽镇有一个名叫施复的手工业者,原是一家每年养几筐蚕的小机户,但由于他养蚕、缫丝的技术好,织出的绸质量上佳,商人们争相增价抢购。仅仅几年间,他就增添了三四张机子,并雇工织造。小说《金瓶梅》则以开绸缎铺的西门庆为主要人物,其中写到的丝绸品名、贸易情况也十分多。曹雪芹的《红楼梦》对丝绸的描写更是多处可见,贾府就是织造府。这些作品都从另一个侧面再现了中华民族独特的丝绸文化。

《红楼梦》作者曹雪芹是江宁织造曹寅的后代,他耳濡目染了这个织造世家所发生的一切,对丝绸生产和产品有着非同一般的理解,因此书中的许多人和事就是以江宁织造署中的人物为蓝本的,其中不乏以南京云锦为服饰。王熙凤穿的镂金百蝶穿花大红洋缎披肩袄,贾宝玉穿的二色百蝶穿花大红剑袖,薛宝钗穿的玫瑰紫二色金银鼠比肩褂,史湘云穿的水红妆银狐缎褶子等,曹雪芹在书中直截了当地写"上用内造"的万字锦,这正是康熙年间江宁织造曹家为皇室织造的。此外,《红楼梦》中还大量描写丝绸织品,如贾宝玉的孔雀裘披风,林黛玉潇湘馆中糊窗用的霞影纱,王熙凤的五彩缂丝石青银鼠褂,贾母屋内的金钱蟒缎靠垫,元春省亲赏赐的"富贵长春"宫缎和"福寿绵长"宫绸,以及锁子锦、妆花缎、蝉翼纱、轻烟罗、茧绸、羽纱、缂丝、弹墨、洋绉、雀金呢、哆罗呢、氆氇、倭缎等,不胜枚举。

第三节　丝绸与宗教

丝绸还大量应用于宗教场合。无论是佛教的寺庙，还是道教的观宇，总是布满了色彩绚丽的丝绸。《洛阳伽蓝记》[①]记载，宋云、惠生出使西域时，见丝绸之路沿途的佛教场院总是"悬彩幡盖，亦有万计"。这类丝绸幡盖中有佛像的幢幡，在当时称为"绣像"。这类绣像在藏传佛教中被称为"唐卡"，直到今天，大量的唐卡仍然保存在西藏、青海的藏传佛教寺庙中。

从印度、西亚传入中国的宗教，是丝绸之路上中外文化交流的主要内容。古代的东西方，宗教信仰的传播途径与当时的商业贸易路线走向相一致，贸易之道上往来的商人都是最初的宗教传播者。通过丝绸之路传入我国的宗教，主要有佛教、祆教、景教、摩尼教和伊斯兰教。在魏晋南北朝时期，从天竺[②]等国家和地区向中国传播佛教。同时可以看出，中国的宗教并没有通过丝绸之路传向西方。一般认为，像道教这样的宗教是与中国内地的生活方式和中原文化相联系的，不一定适合其他民族，因此中国人没有主动往西方派遣弘扬中华文化的使团。

佛教在公元前4世纪创建于印度，随着佛教的传播，行踪不定的弘法僧人以及浪迹天涯的云游僧人，安定下来建立最初的寺院。支持寺院的正是在奔波路上停下来的商人。佛经中称他们为"长者"或

[①] 《洛阳伽蓝记》是北魏散文家杨炫之的旷世杰作。与郦道元的《水经注》并称"北朝文学双璧"。《洛阳伽蓝记》共分五卷，依次写洛阳城内和城之东南西北五个区域，以寺庙为纲维，涉及北魏都城洛阳40年间的政治大事、中外交通、人物传记、市井景象、民间习俗、传说轶闻，内容相当丰富，就其性质而言，实是一种历史笔记，但结构严整，不像一般笔记那样松散琐碎。其史料价值历来为史家所推崇。

[②] 天竺是古代中国以及其他东亚国家对当今印度和巴基斯坦等南亚国家的统称。

"大商主"。一般认为,佛教在东汉明帝时经中亚传入中国,散播于北方,然后由北方传播到南方。也有人认为,南方的佛教很有可能从海上丝绸之路进入中国,佛教先向东南亚扩张,通过当时的大国扶南向中国传播。之后在中国、日本和朝鲜盛传的大乘佛教,并非在印度形成,而是丝绸之路上各个地方的宗教观念与仪式互通互融而发展起来的。

祆教,又称波斯教,创立于古波斯国①。我国曾称其为"火祆教"或"拜火教"。通过丝绸之路先传入中亚,再传入西域,然后至内地。北魏后,北齐、北周都崇奉祆教,至隋唐时最为兴盛。

景教,是唐代对传入中国的基督教聂斯托利派的称谓。在7世纪传入中国,意思是"光明炽盛之教",其会众主要是西域来的商人,没有汉族的中国人。聂斯托利派又称波斯教、弥施诃教。428年,聂斯托利派与当时作为罗马帝国国教的基督教正统派分裂后,日渐向东传播。5—6世纪经叙利亚人从波斯传入中国新疆,7世纪中叶传入内地。景教是最早传入中国的基督教派别。781年,景教传入长安150年之后,当地基督教团体还竖立一石碑《大秦景教流行碑》,可见其颇具影响力。

摩尼教,大约公元3世纪之初在西亚美索不达米亚平原逐步形成。大约于公元7世纪末传入我国,特别在我国回鹘②民族中获得广泛传播。随着回鹘族的兴起,摩尼教在中原流传。摩尼教引入了佛教的轮回说,僧团与佛教相似,也分为在家与出家的男女四众。元明时期,摩尼教还以明教的名义流传于民间,至今福建泉州仍存有一座摩

---

① 波斯是伊朗在欧洲的古希腊语和拉丁语的旧称译音,是伊朗历史的一部分。
② 回鹘和维吾尔是同一个词Uyghur的音译,是中国南北朝到隋唐时期北方部落铁勒的分支,回鹘一度作为突厥汗国的臣属。回鹘汗国瓦解后,部分民众西迁至西域,更多数量的民众迁徙到中原地区。

尼教寺院。

伊斯兰教，公元7世纪早期兴起于阿拉伯半岛西部，创教先知穆罕默德也曾经是一名商人，该教同样沿着商业道路进军东方，并对商业规范产生重大影响。1368年元朝崩溃后，贯通东西的丝绸之路一下中断，其他宗教在中国的影响力逐步消退，只有伊斯兰教在突厥人和中国回民中保存下来，并被我国部分少数民族所信仰。

第四节　丝绸与教育

1. 高等教育

蚕学馆先后为浙江丝绸工学院以及浙江理工大学的前身，是杭州知府林启为实现其实业救国、教育救国的宏愿于1897年创办的，是我国创办最早的新学教育机构之一。1908年，蚕学馆因办学成绩卓著，被清政府御批升格为"高等蚕桑学堂"。辛亥革命至新中国成立前，因时局动乱，学校几度易名，数迁校址，风雨沧桑，历经磨难，但始终坚持办学。新中国成立后，学校不断开拓进取，绘就了新的历史篇章。学校1959年开始招收本科生，1964年由国务院定名为浙江丝绸工学院，1979年开始招收硕士研究生，1983年获硕士学位授予权。1999年，经教育部批准，学校更名为浙江工程学院。2004年，经教育部批准，学校更名为浙江理工大学。

上海私立女子蚕业学堂是苏州丝绸工学院的前身，是史量才先生在1903年创办的。1960年，经国务院批准，在苏州丝绸工业专科学校的基础上，创办成立了苏州丝绸工学院，并正式招收四年制本科生，归纺织工业部领导，院址在苏州市相门外（即现苏州大学北校区地址），第一任院长为郑辟疆。苏州丝绸工学院于1997年并入苏州大学。

2. 丝绸教育家

朱新予(1902—1987)：1915年9月,考入浙江省立甲种蚕业学校(现浙江理工大学),1919年9月毕业,留校任教,后于1979年任浙江丝绸工学院(现浙江理工大学)院长(校长)。曾参与编写《中国纺织科技史》丝绸部分,主编《中国百科全书·纺织卷》丝绸部分和《浙江丝绸史》《中国丝绸史》等图书及《丝绸史研究》杂志。中国杰出的丝绸专家、教育家。毕生从事丝绸教育,一贯提倡教育、科研和生产实践相结合,亲自编写教材,抓科学研究,积极推广科学育蚕、贮茧、机械缫丝等新技术。中华人民共和国建立后,他致力于恢复和发展丝绸生产,扩大丝绸教育领域,培养多种人才。他晚年还倡导丝绸史研究,筹建丝绸博物馆,积极发展中国丝绸工业和丝绸文化事业。

史量才(1880—1934)：爱国实业家。他毕业于杭州蚕桑学堂(现浙江理工大学),在上海创办了蚕桑女子学校,曾在《时报》做过兼职和专职编辑,接触过近代报业。正是他将《申报》发扬光大,发展成中国影响最大的报纸之一,在百年报业史上放射出夺目的异彩。1912年秋天,在社会急剧转型之际,32岁的史量才得到张謇等实业家的支持,以12万元从席子佩手里买下了已有40年历史的《申报》(当年9月23日订约,10月20日正式移交),从此踏上办报之路,开创了一生的事业。史量才先生于1934年11月14日在沪杭公路上被拦道的国民党军统特务赵理君、惯匪李阿大等凶手枪杀,遇难时54岁。

郑辟疆(1880—1969)：蚕丝教育家和革新家,1900年考入杭州蚕学馆(今浙江理工大学)学习。在教育上,他提倡知行合一,学以致用。他长期从事蚕丝科学技术的研究和推广,尤其在改良蚕种,组织蚕丝业合作社,推广养蚕、制丝新技术方面取得了卓著成绩。郑辟疆先生对中国蚕丝事业的革新和发展做出了重要贡献。

费达生(1903—2005)：我国著名的蚕丝专家。她创建的吴江县开弦弓村生丝精制运销合作社是中国较早的乡村工业。中华人民共和国建立以后，她为全面提高蚕丝业做了大量工作。晚年她总结经验，提出建立桑蚕丝绸的系统观点，对促进全行业的协调发展起了重要作用。

新中国成立初期，费达生任中国蚕丝公司技术室副主任，以蚕校实验丝厂为基地，向全国推广制丝新技术。1956年，她任江苏省丝绸工业局副局长期间，主持制定了"立缫工作法"。1958年和1961年，先后担任苏州丝绸工业专科学校副校长、苏州丝绸工学院副院长，领导研制成功了我国第一台自行设计的自动缫丝机。费达生数十年如一日，从改良土法缫丝到机械缫丝，从坐缫丝车改为立缫丝车，最后发展到自动缫丝车，为祖国蚕丝事业奋斗不息，并取得了丰硕成果。1984年，费达生成为第一个受到中国农学会表彰的为农业科研、教育推广工作做出杰出贡献的女专家。

3. 丝绸职业技校

目前，全国的丝绸职业技校包括位于吴江震泽的苏州丝绸中等专业学校，位于山东淄博市周村区的山东丝绸纺织职业学院，位于广东佛山的广东丝绸职业技术学校，位于福建福州的福州市技工学校丝绸分校，位于浙江嘉兴的嘉兴丝绸工业学校（嘉兴职业技术学院），以及位于浙江杭州的杭州丝绸职工中等专业学校以及杭州市丝绸技工学校等。

4. 丝绸科研院所

目前，全国的丝绸科研院所包括苏州丝绸科学研究所，杭州丝绸科学研究所，成都市丝绸研究所，陕西省桑蚕丝绸研究所，盐城桑蚕丝绸研究所，四川省丝绸工业研究所，湖州茧丝绸研究所，山西省、广东省、山东省丝绸研究所，天津丝绸技术研究所，上海丝绸科学技术研究所，丝绸艺术与应用研究所，南充市丝绸服装研究所，以及辽宁柞蚕丝绸研究院等。

第五节　丝绸与旅游

1. 中国丝绸博物馆

位于杭州西子湖畔的中国丝绸博物馆，是第一座全国性的丝绸专业博物馆，也是世界上最大的丝绸博物馆，于1992年2月26日正式对外开放。原国家主席江泽民为该馆题词："弘扬古蚕绢文化，开拓新丝绸之路。"馆内的基本陈列于2003年做了全面的调整，主厅讲述的是一个关于中国丝绸的故事，主要讲述丝绸的起源和发展、丝绸的主要种类、丝绸之路及丝绸在古代社会生活中占据的地位。丝绸厅陈列分"前言""丝绸的起源与发展""绚丽多彩的中国丝绸"三部分，讲述丝绸的发展历史和绚丽多姿的织染绣品。织造坊是一个全开放式陈列厅，以织机的现场操作表演为主，展示仍在生产的民族、民间织机及复原的古代织机。该陈列厅按复原织机、江南染织、少数民族织机为主题来安排13台种类各异的织机，动态的表演展现了我国古代织机的高超技艺，具有强烈的感染效果。

2. 苏州丝绸博物馆

为了弘扬我国的丝绸文化，向国内外游人宣传我国丝绸工业发展的历史、现状，苏州丝绸博物馆应运而生了。它坐落在苏州北寺塔风景区内。苏州丝绸博物馆是我国第一所丝绸专业博物馆。该馆占地面积9410平方米，建筑面积5325平方米，广场面积1100平方米。馆体的建筑和装饰风格清新典雅，是一座现代气派和古城风韵完美结合的艺术建筑。展厅分为序厅、古代馆、蚕桑居、蚕乡农家、桑林草亭、中厅、近代馆（明清一条街）、现代馆（锦绣苑）八个部分。苏州丝绸博物馆早在筹备阶段的1986年就开始了丝绸织绣文物的复制研究,该馆与中国历史博物馆合作完成了"古丝绸文物复制"和"唐代丝绸文物珍品复制"。苏州丝绸博物馆是一座清新典雅、动静结合的博物馆,也是一座集收藏、陈列、科研、教育、复制、生产、购物、餐饮和旅游于一体的多功能博物馆。

3. 木渎民间艺术馆

即姚建萍刺绣艺术馆,于2003年建成。该艺术馆占地6亩,建筑风格古香古色,是木渎镇政府投资300万元专为出生于苏州高新区镇湖街道农家的工艺美术师姚建萍而修建的。姚建萍1997年被联合国教科文组织授予"民间工艺美术家"称号;1998年,她刺绣的乱针绣《周恩来》《邓小平》以及精微绣《吹箫引凤》在首届中国国际民间艺术博览会上同获金奖。

4. 中国苏绣博物馆

中国苏绣博物馆于1986年建成,馆址原在苏州著名园林环秀山庄内,1988年年底迁于苏州景德路王鏊祠内。博物馆占地一亩半,分大门、仪门、飨堂三进。在宽阔的大门里,悬挂9只红底明黄字宫灯,每灯一字,写明馆名。全馆陈列分为三大部分:一是"古代刺绣品室",二是"明清刺绣品室",三是"近代刺绣品室"。共展出几百件珍贵展品,系统地展示了苏绣发展的历史。

第六节 丝绸与礼法

中国是礼仪之邦,衣冠古国。孔孟儒家学说对中国礼仪制度的产生、发展及完善有着深远的影响。中国丝绸的发展在一定程度上也是皇皇礼制的一个缩影。可以说,中国古代的丝绸服饰是"分尊卑、别贵贱"的礼仪制度工具之一,是封建宗法制度的物化表现。

古代帝王穿戴的服饰具有特殊的标记,需要一套正规的服饰制度来加以规定,而且必须严格执行。皇帝是万民仰视的"真龙天子",拥有极其尊贵的身份,其衣裳配饰,从一串珠玉、一块冕板、一个图纹、一种颜色到一件配饰,大到衣服的形制色彩,小到丝线的长度、衣料,都与礼制相关。因此,帝王服饰是整个服饰制度的准绳和基石。

"标准的"专用帝王服饰出现于周代。当时的统治者对各类人等所着服饰已经有了严格的规定,且被纳入"礼仪"的范畴,等级尊卑十分明显,不允许肆意僭越。当时发达的丝织、印染生产技术为周王朝建立完善的服饰制度提供了坚实的物质基础。辅佐成王的周公姬旦,为巩固西周政权制定了一套较为完整的阶梯式宗法等级制度,以名示官职上朝、公卿外出、后嫔燕居等的上衣下裳各有差等,并对衣冕的形式、质地、色彩、纹样、佩饰等做出了详细的明文规定,成为周代礼治的重要内容。

据《周易》记载:"天玄地黄。"周天子在祭天的时候所着服装为"玄衣纁裳",玄指黑色,兼有赤黄色的下裳。上衣绘有日、月、星、山、龙、华虫等六章,类似于今天的手绘服装,由画工用笔墨颜料直接画在布上。日、月、星,取其照临光明,如三光之耀。山,取其能云雨,或说取其稳重的性格,象征王者稳重以安四方。龙,能变化,取其神意,象征人君的随机应变。华虫,雉属,取其有文采,表示王者有文章之德。下裳则用刺绣,有宗彝、藻、火、粉米、黼①、黻②六章。宗彝,宗庙的一种祭祀礼器,后来在其中绘一虎一蛇,以示王者有深浅之知,也有说取其忠孝之意。藻,取其洁净,象征冰清玉洁之意。火,取其光明,火焰向上有率士群黎向归上命之意。粉米,取其洁白且能养人之意。黼,

---

① "黼",半白半黑的花纹
② "黻",半青半黑的花纹

第六章 丝绸文化的价值体现

绣黑白为斧形,取其能决断之意。黻,绣青黑两弓相背之形,取其明辨之意。

周以前,帝王服饰即绘绣了上述十二章花纹,到了周代,因旌旗上有日、月、星的图案,服饰上不再重复,变十二章为九章。纹饰次序以龙为首,龙、山、华虫、火、宗彝是手绘的,藻、火、粉米、黼、黻是绣上去的。其后的各个朝代,基本延续了十二章纹的传统图案,十二章纹逐渐成为中国历代王权的标志。十二章纹中的龙和凤,也逐渐为帝王专用,龙成为天子的象征,凤则是至尊女性的代表。

在中国古代服饰制度中,最能反映丝绸与封建等级制度的密切关系的,则是文武百官的补服。补服是一种饰有品级徽识的官服,或称补袍,与其他官服有所不同。其主要区别是服饰的前胸后背各缀有一块形式、内容及意义相同的补子①。因此,只要一望补子上的纹样,便可知其人的官阶品级,这有点类似现今军官的军衔。补子的源头可以上溯至唐代,其源似与武则天以袍纹定品级有关。《太平御览》卷六九二引《唐书》:"武后出绯紫单罗铭襟背袍,以赐文武臣,其袍文各有烱……宰相饰以凤池,尚书饰以对雁,左右卫将军饰以麒麟,左右武卫饰以对虎。"元代,内蒙古正蓝旗羊群庙出土的元代石雕上就有花卉纹的补子,同时在一些元代墓葬中也确实发现了不少具有方补形式的元代织物。但这些方补多作花卉状,它们在当时并没有作为官阶的标志。真正代表官位的补服定型于明代。据《明史·舆服志》记载,洪武二十四年(1391年)规定,官吏所着常服为盘领大袍,胸前、背后各缀一块方形补子,文官绣禽,以示文明;武官绣兽,以示威武。一至九品所用禽兽尊卑不一,借以辨别官品。从明代出土及传说的官补来看,其制作方法有织锦、刺绣和缂丝三种。早期的官补较大,制作精良,文

---

① "补子",官服上的一种有固定位置、形式、内容和意义的纹饰。

官补子均用双禽,相伴而飞;武官则用单兽,或立或蹲。清代文官的补子仅仅用单只立禽,各品级略有区别。与明补相比,清代的补子小而简单,前后成对,但在前片一般是对开的,后片则整片织在一起,主要为穿着方便。前片官补正好位于前胸,为了便于解系纽扣,只能将前片对半分开。

古代不同等级的官员其官服上的补子也有区别。明洪武二十四年,规定常服用补子分别品级如下:公、侯、驸马、伯:麒麟、白泽;文官:一品仙鹤、二品锦鸡、三品孔雀、四品云雁、五品白鹇、六品鹭鸶、七品𪂉𪃹、八品黄鹂、九品鹌鹑;武官:一品二品狮子、三品四品虎豹、五品熊罴、六品七品彪、八品犀牛、九品海马;杂职:练鹊;风宪官:獬豸。到了清代,补子的图案相对程式化,执行也比较严格。据《大清会典》记载,当时补子有圆补、方补之区别,圆补主要为龙、蟒之类,用于王公贵族,而方补用于百官。

在明清两代,受过诰命的命妇(一般为官吏的母亲或妻子)也备有补服,通常穿着于庆典朝会上。她们所用的补子以其丈夫或儿子的官品为准。女补的尺寸比男补要小。凡武官的妻女则不用兽纹补,和文官家属一样,用禽补,意为女子娴雅为美,不必尚武。

明清时期,官补制度并没有严格执行,以下僭越的事情时有发生,尤其是明代。因此很多明墓出土的官补与墓主身份并不一致。清代乾隆年间,八旗都统金简官至武二品兼文二品户部侍郎,他认为二者同尊,于是别出心裁地在其补子上的狮子尾端加绣小雉鸡一只。清高宗乾隆皇帝闻之大怒说:"章服乃国家大典,岂容任意儿戏!"结果金简受到申诉,并令其按制度改正。

现今已成为文物收藏精品的补子,在国际文物拍卖会上非常受欢迎。国际市场上的补子分类十分齐全,有男补女补、方补圆补、文补武补。其中男补贵于女补,武补贵于文补。由于武官着装多僭越品级,

第六章 丝绸文化的价值体现

所以武补中较低者,如八品犀牛、九品海马几乎难以寻觅,反而价格昂贵。

此外,某些非官服上也会加补子。比如,一些舞乐工吏无职人员曾用鹦哥等杂禽以及葵花等杂花作为补子。再如,一些宫眷和内臣在不同节日还用过一些应景的补子,如正旦节:葫芦景;上元节:灯笼景;清明节:秋千纹衣;端午节:五毒(蝎、蛇、蜈蚣、壁虎、蟾蜍)、艾虎;七夕节:鹊桥;中秋节:月兔纹衣;重阳节:重阳景菊花;冬至节:阳生[1]。

---

[1] "阳生"是一类植物,这类植物要求全日照,多生长在旷野、路边、草原、沙漠。

第七章
苏州丝绸文化

苏州是著名的丝绸之乡,历来是中国丝绸生产和丝绸贸易较为发达的地区之一。精湛的加工技艺、丰富的丝绸品种,使这一源远流长的丝绸生产技术与苏州人的日常生活紧密地联系在一起,形成了一种独特的传统文化。

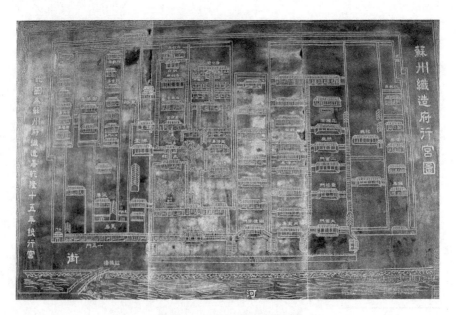

图7-1　苏州织造府行宫图

第七章 苏州丝绸文化

第一节 苏州文化发展的历史阶段

苏州丝绸文化是苏州文化不可分割的一部分。苏州文化是吴文化的代表,吴文化的源头可以追溯到有文字记载的吴地史前文化,又称"先吴文化"。

一、南方的政治中心

苏州人类活动的历史可以追溯到旧石器时代,距今一万余年。从考古资料看,苏州大多时期处于文化的边缘。直至句吴国建立,苏州的中心地位才逐步形成。句吴国是商朝末年周太王的长子太伯和次子仲雍,为了让位于三弟季历(周文王之父)而"奔荆蛮"所设立的。自太伯历经十九世,传位到寿梦,此时已到春秋中后期。寿梦争霸的欲望日益强烈,于公元前585年正式称王,是为吴国确切的纪年开始。寿梦之后,又经历了四王,共46年,始终与越国处于交战状态。在战火中,公元前515年,公子光发动政变即位,史称"阖闾"。阖闾是吴国争霸过程中功勋最大的国王,与齐桓公、晋文公、楚庄王以及后来的勾践并列为"春秋五霸"。阖闾采纳伍子胥①的强国霸王之术,即"立城郭、设守备、实仓廪、治兵库",于公元前514年令伍子胥建造大城。从此苏州成为江南吴国的政治中心。

孙武②是春秋时期吴国将领,他曾率领吴国军队大破楚国军队,占领了楚的国都郢③城,几欲灭亡楚国。孙武著有巨作《孙子兵法》13

---

① 伍子胥是春秋末期吴国大夫、军事家,是姑苏城(苏州城)的营造者,至今苏州还保留有"胥门"。
② 孙武是著名军事家、政治家,为孙膑之祖父。
③ 郢,古地名,在今湖北省江陵县附近。

篇,为后世兵法家所推崇,被誉为"兵学圣典"。《孙子兵法》代表了吴国的军事思想。

伍子胥的治国理念代表了先进的政治制度。伍子胥曾多次劝谏吴王夫差诛杀勾践,夫差不听。夫差听信太宰伯嚭谗言,称伍子胥阴谋依托齐国反吴,派人送一把宝剑给伍子胥,令其自杀。伍子胥自杀前对门客说:请将我的眼睛挖出置于东门之上,我要看着吴国灭亡。在伍子胥死后9年,吴国为越偷袭所灭。

2014年年底,苏州博物馆曾展出了由苏州市人民政府出资4250万元征集的58件台湾"古越阁"旧藏青铜兵器。据了解,其中31件为"古越阁"主人王振华、王淑华夫妇慷慨捐赠,另外27件吴国兵器精品则为友情出让。其中一柄被称为"吴老大"的吴王夫差剑,是目前已知存世的9柄吴王夫差剑中保存最完好的,堪称国宝。

公元前473年越王勾践一举灭吴,并将都城迁徙至苏州,随后北上争霸,成为春秋时期最后一位霸主。越国在苏州统治172年,公元前301年楚国攻占苏州,并在此设立江东郡,从此,苏州由吴越的政治中心降为楚国的边缘郡县。

二、政治中心向经济与文化重心的转移

秦始皇统一六国后,立郡县,苏州成为会稽郡下属的吴县。此时中国的中心在黄河流域,政治上的边缘化与经济上的落后使得苏州在吴越争霸时期达到顶峰后,随即沉寂500多年。

东汉末年,孙策渡江东下,建立江东政权,其中心在吴郡,后孙权又以吴郡为基地,使得苏州重新得到开发,恢复其中心地位。这一时期,中原人士纷纷避难江东,江东人口增长,刺激了农业的快速发展,传统桑蚕业作为家庭副业非常普遍,社会经济繁荣稳定。隋唐统一时期,国家政治中心再次回到中原,但大运河的开凿,有力地促进了江淮

经济的发展。

六朝①以后,随着江南经济的开发,江南地区民风发生了由尚武到尚文的显著变化。在北方士族的压制下,南方士族的多次抗争均以失败告终,最后,他们不得不另寻出路,选择"朝隐"这个心灵乐土。崇尚武力的价值观开始为南方士族所摈弃,"不竞"之风逐渐滋生,温文儒雅成为南方士族新的价值取向。苏州士族的优雅仪表和风度成为当时上流社会所效仿的对象。吴文化经过六朝的转型,唐宋时期迎来了数百年的相对稳定的社会环境,经济发展则为文化的繁荣奠定了坚实的基础,国家科举制度的建立和完善使得江南人士得以肆意科场,对江南文化之繁荣起到了推波助澜的作用。

"安史之乱"后,国家经济中心南移至江淮,朝廷财政十之八九仰仗江淮。苏州刺史白居易说,江南诸州,苏为最大。唐代将全国州郡分为辅、雄、望、紧、上、中、下七等,依据经济实力和军事意义确定等级。苏州由于经济地位不断提高,唐初时为紧州,大历十三年(778年)升为江南唯一雄州。

到南宋时期,苏州与都城临安(杭州)并驾齐驱,在民间赢得了"天上天堂,地下苏杭"的美誉,以苏州为中心的太湖流域成为国家的经济中心。南宋虽偏安于淮水以南,却是中国历史上经济最发达,古代科技发展,对外贸易、对外开放程度较高的一个王朝。南宋与金朝、西辽、大理、西夏、吐蕃及13世纪初兴起的蒙古帝国同时并存。宋金

---

① "六朝"一般是指中国历史上三国至隋朝的南方的六个朝代,即三国吴(或称东吴、孙吴)、东晋、南朝宋(或称刘宋)、南朝齐(或称萧齐)、南朝梁、南朝陈。六朝承汉启唐,创造了极其辉煌灿烂的"六朝文明",在科技、文学、艺术诸方面均达到了空前的繁荣,开创了中华文明新的历史纪元。这六个朝代的共同点是都建都于南京,六朝时期的南京城是世界上第一个人口超过百万的城市,和古罗马城并称为"世界古典文明两大中心",在人类历史上产生了极其深远的影响。

两国在淮河设置了称作"榷场"①的贸易市场。除了榷场,民间的私下交易也较多。

南宋时期,由于耕种土地减少与丝绸之路的阻断,西夏在南宋立国时取得了河湟地区(今青海东部),陆上贸易停止,被迫转向以商业经济尤其是远洋贸易为主的商业经济模式,所有贸易几乎均经由海上丝绸之路进行。由于岁币支出庞大,南宋王朝内部税收繁重。经济几乎一面倒在与西方的贸易之上,促成海上贸易之繁华。商人在这一时期得到了最大的解放,并最终取得了商业经济的大繁荣。

当时南宋的经济总量已占世界的60%。南宋时,最大的城市临安府和成都府人口已过百万,而此时的欧洲还在中世纪黑暗的统治下。宋朝的四大发明,使航海技术跨入了海洋时代,远洋的商船有6层桅杆、4层甲板、12张大帆,可以装载1000多人,航行于世界各地,令世界各国的人民惊叹不已。

从海外贸易看,南宋开辟了古代中国东西方交流的新纪元。对外贸易港口近20个,还兴起了一大批港口城镇,形成了南宋万余里海岸线上全面开放的新格局,这种盛况不仅唐代未见,就是明清亦未能再现。与南宋有外贸关系的国家和地区增至60个以上,范围从南洋、西洋直至波斯湾、地中海和东非海岸。进口商品以原材料与初级制品为主,而出口商品则以手工业制成品为主,表明其外向型经济在发展程度上高于其外贸伙伴。

三、经济与文化的双峰凸显

南宋灭亡之后,蒙古族建立了元朝,元朝灭南宋36年之后,才恢

---

① "榷场"指辽、宋、西夏、金政权各在接界地点设置的互市市场。榷场贸易是因各地区经济交流的需要而产生的。

第七章 苏州丝绸文化

复科举考试,这是中国科举史上最长的一次中断,使得江南的科举功名和文化进入一个相对低迷的阶段。但是在经济上,元代的苏州还是比较繁荣的,如《马可·波罗游记》记载:苏州是一颇名贵之城……产丝甚饶,以织金锦及其他织物闻名。其城甚大,周围有六十里,人烟稠密,至不知其数。在元代,苏州士人除了充任儒吏、教官之外,别无他途,所以大部分留在乡里,过着富足悠闲的生活。元末农民起义中,张士诚割据苏州,实行保境安民的政策,实际上迎合了那些过惯了平静优裕生活的士人阶层。

明代中期,苏州的繁华无与伦比。当时"杭州以湖山胜,苏州以市肆胜,扬州以园亭胜",说明当时的苏州以商业发达最为出名。明代诗人高启诗中曾赞美苏州"财赋甲南州,词华并西京",这一说法高度概括了明清苏州经济文化的特征。正是这种经济与文化之间的相互作用和支撑使得苏州得以持续繁荣。

明代状元诗碑是明正统四年(1439年)为庆贺明代开科以来苏州府第一位状元施槃而刻制的,现藏于苏州碑刻博物馆,具有极高的文化历史价值。施槃故居状元府第是东山雕花楼①的附属建筑。为恢复状元府第景观,吴中区文管办委托苏州碑刻博物馆复制一方有关明代状元施槃的诗碑。2010年,苏州碑刻博物馆为东山雕花楼复制的明代状元诗碑落成。仇英的《清明上河图》(图7-2)以明代苏州城为背景,采用青绿重设色方式,画中人物超过2000位,描绘了明代江南社会的城乡人民生活实景,表现了热闹非凡的市井生活和民俗风情,场面宏大,气势雄伟。

---

① 东山雕花楼原名春在楼,为全国重点文物保护单位。

图 7-2　仇英的《清明上河图》(局部)

清乾隆二十四年(1759年),擅长人物、花鸟草虫的苏州籍宫廷画家徐扬用了24年时间创作了《盛世滋生图》①(图7-3),以长卷形式和散点透视技法,反映了当时苏州"商贾辐辏,百货骈阗"的市井风情。

图 7-3　《姑苏繁华图》(局部)

据范金民《姑苏繁华图:清代苏州城市文化繁荣的写照》一文考证,清代前期的苏州已经成为以下几个全国中心:① 云集全国乃至外洋货物的商品中心;② 全国著名的丝绸生产加工和销售中心;③ 全国最大的棉布加工和批销中心;④ 全国少见的金融流通中心、刻书印

---

① 《盛世滋生图》又名《姑苏繁华图》。

书中心;⑤发达的金银首饰、铁器、玉器、漆器加工中心;⑥全国美食饮食中心;⑦便利的运输中心。明清时期苏州商业繁盛的意义已经超出了纯粹的经济范畴,冲击着原有的四民(士、农、工、商)社会结构和等级观念。士商阶层开始相互渗透,即商人子弟进入仕途,其家庭成员仍不放弃业贾。经商与入仕成为江南人振兴并维系家族兴旺的不二法宝。

苏州发达的工商业,以及商人对文化的积极投入,包括培养子弟,致力于科举考试、刻书藏书等,使得明清两代苏州的文化成就达到了鼎盛,当时的苏州成为全国的文化中心。清代共有114位状元,而苏州独占26位,超过任何一个省份的状元数,状元成为苏州"特产"。苏州的影响不仅表现在上层社会的雅文化,还表现在日常生活中的各种观念,苏州人对衣食住行的好恶一度成为其他地区人们效仿的榜样。

四、从江南中心到上海后花园

1860年,太平天国忠王李秀成东征苏常,在苏州建立苏福省,战争导致苏州损失人口三分之二、房屋被毁无数,阊门外商业中心化为灰烬,江南绅商地主纷纷携家人、资金逃往上海租界避难。1862年上海租界激增50万人,估计有650万银圆华人资本流入租界。19世纪60年代,上海迅速走向繁荣,并取代苏州和杭州,成为江南新的中心城市和长江三角洲地区经济发展的龙头。

苏州在经济上受到上海对外贸易的刺激和诱导,大力发展棉花蚕桑种植业,将自己与海外市场联系起来,从而促进了苏州商品性农业和市镇城镇化的长足发展。在文化上,苏州也接受了以上海为中介的西学辐射,从而在这座历史古城中呈现新旧杂糅的文化景观。余秋雨在《白发苏州》一文中,将苏州比作"中国文化宁谧的后院"。

五、经济强市

2012年,国际知名房地产服务及投资管理公司仲量联发公布的《中国新兴城市50强》中,苏州被列为1.5线城市,报告把北京、上海、广州、深圳这传统的四大城市称为一线城市,苏州则和成都、重庆、沈阳、杭州、天津、大连、武汉、南京八座城市一起被列为1.5线城市。把苏州列入1.5线城市,说明苏州的经济实力很强。苏州政治地位在清朝时达到鼎盛,是现在意义上的省会城市,不但如此,南京和上海也在苏州府的管辖之内。史料记载:"江苏省的巡抚衙门就在苏州,辖江宁府、苏州府、淮安府、扬州府、徐州府、通州府、常州府、镇江府、松江府(今上海市),其范围大致与现在相同。"1913年苏州府被废,从此苏州在政治上便走上一条下坡路,一直到今天,也没进入副省级城市或是计划单列市名单。

苏州GDP早已踏入千亿俱乐部,排名最高也曾排到全国第四,除了北上广,一直和深圳较量第四的位置,不能不说,苏州这些年从"苏南模式"破局之中迅速崛起,创造了一个经济奇迹。

古城区三区合并,吴江并区,苏州市区进一步扩大到和浙江、上海接壤,城市的面积得到了大幅增加。苏州的人口超过了1300万,外地人口超过本地人口,苏州由一个吴侬软语的江南水乡摇身一变成为全国第二大移民城市。

苏州历来是中国丝绸的重要产区,有着悠久的历史和灿烂的丝绸文化。随着改革开放的深入,市场经济的发展,苏州的丝绸产业已从"丝绸企业林立,机杼声声相闻"的旧时景象转型升级为以商贸流通、传统织绣小众产品以及丝绸文化产品为主的都市丝绸新业态。近年来,苏州丝绸行业继续以打造国际化的丝绸都市为目标,落实苏州市政府制定的《苏州市丝绸产业振兴发展规划》,致力传承创新,呈现良

好的发展态势。苏州市区的丝绸贸易业持续稳步发展,集丝绸织造、练染印、丝绸家纺及服装服饰、织绣、文化工艺品等丝绸终端产品为一体的丝绸产业加工链也初具规模并持续提升。苏州市所拥有的丝绸品牌打造成效显著。丝绸文化元素日益凸显,如传统织绣技艺宋锦、苏绣、缂丝、吴罗等分别作为世界级、国家级以及省市级"非遗"得到良好的保护并迈出创新与产业化的步伐;传统丝绸旗袍、古织机、吴默画(帛画)、剪绸等手工技艺制作日趋活跃;"中国苏州丝绸文化产业创意中心"成立;各类充满浓厚中国元素、江南水乡风情和艺术魅力的丝巾、服装、饰品和丝绸织绣工艺品成为苏州城市烫金名片的文化支撑内涵;隶属苏州的吴江区更是江苏省乃至全国闻名的丝绸重镇,经过多年的发展,其业态也发生了很大变化;吴江区震泽镇是蚕丝之乡,以生产销售蚕丝被为主的丝绸家纺著名。

2014年3月24日,第三届"李光耀世界城市奖"花落苏州,是继西班牙毕尔巴鄂市、美国纽约市后,第三个获此殊荣的世界城市,也是亚洲第一城市。此奖以"可持续性、宜居性、城市活力、生活质量"为评价指标,也是对城市保护珍贵历史和自然遗产的鼓励。苏州对其丰富的文化遗产的保护和利用不遗余力,使之在传统民居、小型商业和游客中重现生机,成为教育和文化传习的重要部分。

第二节　官营织造与民间织造的共同繁荣

明清时期,苏州的丝绸业延续了元代官府织染局和民间共同发展的格局,在生产规模、技术水平、产品种类以及对外贸易方面均超越了前朝。

官府的织造局由督造官员或太监驻苏直接管理,每年在完成皇室规定的织造任务外,往往还有各种临时办差,如帝后的大婚、万寿贡、端午贡等，数额极为庞大。官机如应接不暇，往往将缎纱工料下发民间，由民间机户承造，因此促使苏州城乡丝织手工业作坊大量设立，民间织造的规模日趋扩大，苏州及周边遍地桑蚕，满目锦绣。

一、苏州织造局

元代至明清，特别是永乐以后，苏州丝绸织造业的大部分，以官营的手工工场形式从事生产运行，其产品主要是上贡，用作皇室和朝廷的消费，所以生产的丝绸一般不参与市场交换，不计算产品价格，也无所谓成本核算。整个生产过程由朝廷派出的专门机构监管。这个专门机构的名称，因时而不同，如染织局、织造局、织造署、总织局，苏州人则称之为"织造衙门"。

明代染织局在苏州天心桥东、察院场南，即今北局一带。据文徵明《重修苏州染织局记》记载："局之基址，共计房屋二百四十五间。"清康熙至乾隆年间，苏州织造局的生产规模居全国之冠，苏州传统丝绸手工业达到顶峰。清延明制，于江宁、苏州、杭州三处各派织造官员一员，称为"江南三织造"，改变了明代织造官员一般由宦官担任的惯例，而从内务府郎中或者员外郎中点派，作为一项临时差遣。虽级别不高，五品或从五品，但系钦差，可专折奏事，故地位特殊。清初，苏州有总织局和染织局两处，分别称为"南局"和"北局"。

位于苏州市葑门内带城桥下塘的"苏州织造署旧址"曾是元明清三朝的织造部门，尤其到了清朝康熙年间尤为重要。据考证，该"旧址"曾是苏州织造署的西花园，也是当年清朝皇帝行宫后花园。

据史料记载，当年清康熙皇帝六下江南在苏州就驻跸西花园。而

第七章 苏州丝绸文化

当时管理织造的"织造使"曹寅①的母亲曾是康熙帝的乳母,因此曹寅幼年也曾入宫陪康熙帝读书。于是乎当时的"苏州织造署"西花园长期作为皇帝的行宫,逐渐也成为皇家园林。由此这"苏州织造署"不仅与江宁、杭州织造署并称"江南三织造"②,并且还被人们誉为"妍巧甲江南"之地。

苏州织造局的管理制度,先实行"佥(签)报巨室,以充机户",后改进为"买丝招匠,领机给贴",即由织造局选定领机机户,发给机张执照,作为领机凭据。同时,织局备好丝料,责令领机机户招募工匠进局织造,缎匹织成后由领机机户负责缴还织局,由织局负责支付工酬给机户。这种制度促进了丝绸生产的稳定发展。

二、民间织造

苏州城是重要的丝织业中心,城内除了隶属于官局的机户外,民间还集中了大批分散的机户、机匠,他们多居住在城东。据清史志记载,苏州古城内有"东北半城,万户机声"之说。各种丝行、丝账房、纱缎庄以及行会公所、会馆等经贸商业和辅助行业林立,丝绸生产和丝绸贸易呈现一派繁华的景象。乾隆时,"织作在东城,比户习织,专其业者不啻万家",还出现了几百张织机的丝绸工场,其中一些老字号,如石恒茂、英记、李启泰等,到了清末仍然在经营。乾隆中叶,苏州民间织机发展到一万数千张,染色工场有三四百家。同治、光绪年间,苏州织绸的木机总数达1.5万台,从事丝织业的人数达十万之众,年产真丝绸缎36万匹,价值600余万两白银。当时的主要产品有妆花缎、

---

① 曹寅为中国古典名著《红楼梦》的作者曹雪芹的祖父,康熙二十九年(1690年)任苏州织造。

② 康熙三十二年(1693年)至康熙六十一年(1722年),苏州织造由李煦担任。李煦乃曹寅的内兄,曹雪芹的舅公。康熙二年(1663年),曹雪芹的曾祖父曹玺任江宁织造。

织锦缎、库缎、漳缎、天鹅绒、高丽纱等,特别是苏缎闻名全国。发展到这样的规模,表明当时的苏州丝织手工业作坊已转化为工场手工业。

苏州周边的农村和市镇也普遍从事丝织业,也相继形成了盛泽、震泽、吴江、洞庭山等丝绸集市。有研究者推证:在乾隆三十五年(1770年)至乾隆四十五年(1780年),盛泽周围的农村有织机8000多台,苏州成为名副其实的"丝绸之府"。

第三节　丝绸文化在苏州的烙印

丝绸文化对苏州城市发展的影响是全方位的,以下仅从艺术形式、古迹遗存、社会风俗三个方面进行略考。

一、苏州丝绸的艺术形式

织贝:古代锦名,指织成贝纹的锦。《尚书·禹贡》记载:"(扬州①)厥篚织贝。"织贝是一种彩色的丝织锦帛,具有贝壳纹样,夏朝时作为禹定九州的贡品。春秋时期,苏州成为吴国国都时,陆续有锦、缟、罗、缯等种类。

吴绫:古代丝织物,是江苏吴江名产,以轻、薄著名,亦泛指精美的丝织品。据《唐六典》《元和郡县志》等史书记载,唐元贞以后,江南丝绸生产技术水平居全国前列。江南道进贡吴绫、白编绫等大宗丝绸。乾隆《吴江县志》卷五载:"吴绫见称往昔,要唐充贡。今郡属惟吴江有之,邑西南境多业此(二十都及二十一、二、三都皆是),名品不一,往往以其所产地为称(如溪绫、荡北、南滨之类)。其纹之擅名于古,而至今相沿者,方纹及龙凤纹,至所称天马辟邪之纹,今未见之。

---

① 夏朝时苏州属扬州之域。

第七章 苏州丝绸文化

其创于后代者,奇巧日增,不可殚记。"

旗袍:泛指旗人所穿之袍。1616年努尔哈赤建立后金政权,推行八旗制度,统称为八旗。满族人因此被称为旗人,旗人所穿服装被称为旗装。旗人的常服区别于军装,以宽筒直身为基本样式,被后人称为旗袍。

旗袍的渊源可以追溯到春秋战国时代,那时南方人穿着的深衣可以看作是旗袍的雏形,但是真正的样式形成于它在成为清朝贵族的宫廷女性服装以后。但它最终又回到了南方民间,在南方市井生活中开出了最为绚丽的花朵。20世纪二三十年代,旗袍在上海和苏杭一带盛行开来,苏州灿烂的丝绸和上海裁缝精巧的手艺使得这种神秘而性感的服饰成了十里洋场的时尚风向标。2000年香港导演王家卫的《花样年华》首映,电影中最为光彩夺目的就是影星张曼玉那20多套充满怀旧韵味的旗袍,它们所放射出的中国江南的水影丝光,吸引了全世界的眼球。而与旗袍类似的和服,这个后来成了日本国服的丝绸服饰则直接诞生于三国时期的东吴,也就是今天的苏州地区,因而和服还有一个动听的名字——吴服。

苏绣:清代由于丝绸产品的贵族化,丝织工艺基本放弃了印染,并把重点集中在刺绣上。刺绣艺术在中国有至少4000多年的历史,发端于吴越一带先民"断发文身"的土风,最早起源于原始先民在身体上刺绘花纹。后来随着生产和社会的发展进步,肉体上的文身就渐渐转移到了衣服服饰上。绚丽的锦缎、色彩斑斓的丝线为刺绣这门艺术提供了得天独厚的物质条件。分别以苏州、广州、长沙、成都为集散中心的苏绣、粤绣、湘绣、蜀绣合称中国四大名绣。苏绣是汉族优秀的民族传统工艺之一,刺绣与养蚕、缫丝分不开,所以刺绣又称丝绣。苏绣的发源地在苏州吴县一带,现已遍布很多地区。清代是苏绣的全盛时期,真可谓流派繁衍,名手竞秀。苏绣具有图案秀丽、构思巧妙、绣工细致、针法活泼、色彩清雅的独特风格,地方特色浓郁。绣技具有"平、齐、和、光、顺、匀"的特点。苏州西郊太湖边的小镇镇湖,那里每家每户都有一间临街的绣棚,八千绣娘不停地绣制山川、河流、民情的图案,甚至还有凡·高的《向日葵》、陈逸飞的《故乡回忆》、邓小平的肖像等。

宋锦:宋锦起源于宋代,发源地在中国的苏州,故又被称为"苏州宋锦"。宋锦历史悠久,可追溯至隋唐,它是在隋唐织锦的基础上发展起来的。到了宋代,织锦在苏州形成了独有的风格,以至后世谈锦必宋。色泽华丽、图案精致的宋锦被赋予中国"锦绣之冠"的美称。南宋时期,苏州丝绸中的典型产品宋锦在当时盛行一时,宋锦、仿古宋锦产品由于色调深沉,古色古香,除了用于服饰外,还大量被用于书画的装帧,以满足文人墨客的雅兴。宋高宗为了满足当时宫廷服饰及书画装裱的需求大力推广宋锦,并专门在苏州设立了宋锦织造署。宋锦制造工艺独特,经丝分为两重,有经面和底经,俗称重经。采用"三枚斜纹织物",两经三纬。宋锦分为大锦、合锦和小锦三类。大锦组织细密、图案规整、富丽堂皇,常常用于装裱名贵字画,制作特种服装和花边;合锦用真丝与少量纱线混合织成,图案连续对称,多用于书画的立轴、屏条的装裱;小锦则为花纹细碎的装裱材料,适用于小件工艺品的制作和包装。

缂丝:又称"刻丝",是中国汉族丝织业中最传统的一种挑经显纬、极具欣赏装饰性的丝织品。缂丝是苏绣的姊妹艺术,其不同之处在于:苏绣平凡朴素,在百姓生活中随处可见;而缂丝则雍容华贵、身价高昂,大多出现在帝王的生活中。南宋时期,苏州的缂丝生产是传统丝绸技术上的一次突破,它跳出了传统的丝绸工艺和服饰用途的界限,大量地被作为艺术性的商品供人玩赏。沈子蕃、吴子润等缂丝名家制作的作品,在当时价值连城。缂丝以蚕丝为原料,采用"通经断

第七章 苏州丝绸文化

纬"的织法,经彩纬显花纹,以花纹为边界,满幅透空针孔。悬而视之,犹如万缕晶珠,有如雕似镂的效果,被赞誉为"雕刻了的丝绸"。缂丝在宋元以来一直是皇家御用织物之一,常用以织造帝后服饰、御真(御容像)和摹缂名人书画。明清两代的皇帝新衣,基本上是苏州缂丝艺人供奉的。缂丝因织造过程极其细致,摹缂常胜于原作,而存世精品又极为稀少,是当今织绣收藏、拍卖的亮点,常有"一寸缂丝一寸金"和"织中之圣"的盛名。2004年,第28届世界遗产大会在苏州召开前夕,苏州缂丝老艺人王嘉良为大会用缂丝制作了大会吉祥物《圆圆》。

戏装:中国传统戏曲的舞台服,又称行头。包括戏衣、盔头、戏鞋等。随着戏曲的发展,戏装逐渐成熟,形成相应的规则,不同的戏装有着不同的含义和对应角色。清朝,经过改装完善,逐渐发展完全。戏装对戏曲艺术的表达以及人物形象的塑造有着重要的作用。苏州地方戏曲昆曲,原名"昆山腔",从清代开始称"昆曲",又称昆剧。400多年前,昆曲婉转优雅地从苏州的水巷深院里诞生了,主要为商人和市民服务。江南雄厚的经济基础和丰富的文化积淀,使得昆曲一经产生,就在我国古老的传统戏曲中脱颖而出,并很快一枝独秀,以其深厚的文学底蕴和高雅的艺术形式成为我国传统戏曲中的"百戏之祖"。戏剧当然离不开戏装。对于每一件戏装,设计者首先要熟知剧情内容和舞台演出的效果,再根据剧中人物来设计样稿,就是对同一人物,也要随其身份的变化、场景的不同而设计出不同的样式。设计稿经剪裁、绘画、刺绣、缝制,由各个丝绸艺术门类共同协作完成。从戏曲走向繁荣开始,苏州一直就是全国重要的戏装生产基地。20世纪初,苏州阊门一带集中了几十家戏装店,西中市成了戏装一条街。近年来,精美的戏装又在古装影视剧等新领域粉墨登场。《红楼梦》《笑傲江湖》等电视剧中的上千套服装以及海内外华人剧团的戏装就是苏州制造的。

婚纱：婚纱是结婚仪式及婚宴时新娘穿着的西式服饰，婚纱可单指身上穿的服饰配件，也可以包括头纱、捧花的部分。婚纱的颜色、款式等几乎各项因素，都体现着文化、宗教及时装潮流等。婚纱来自西方，有别于以红色为主的中式传统裙褂。位于苏州虎丘的婚纱一条街，是国内著名的婚纱礼服生产基地之一，大多为个体户手工作坊，通常婚纱以价格低廉和款式新颖而赢得客户的好评，每年的春、秋、冬结婚旺季，婚纱都供不应求。虎丘婚纱一条街同时也汇聚了一部分海外商户前来虎丘定做婚纱。苏州婚纱一条街由20世纪80年代中期最初的3家店面发展到目前的780多家，内容从单一的婚纱产品发展到现在的背景、旗袍、和服、民族服装、披肩、辅料、饰品、晚礼服、燕尾服、古戏服等近百个系列品种，被称为东南亚第一大婚纱市场。2015年12月，定位于"引领全国，面向世界"一站式婚尚全产业链综合体的苏州虎丘婚纱城开始试营业。

二、苏州丝绸与地名

游走在苏州的大街小街，人们会发现很多有趣的街巷桥梁名称，或与历史人物、历史事件有关，或与神话、典故、传说有关，或与旧时的行业物产有关，看似很普通的名字，背后却隐藏着久远的故事，成为我们探寻古城历史的索引。其中的一些地名和苏州的丝绸有着密切的联系，成为研究苏州丝绸发展史的有力佐证。据苏州丝绸博物馆2003年的调查，苏州市区目前还保留有28处与丝绸生产有关的地名。

织里桥：现名吉利桥，位于现在的司前街。它最早名叫织里桥，也曾被称为失履桥。或许人们为讨口彩，织里桥逐渐被叫成了现在的名字。南宋范成大《吴郡志》记载："织里桥，今讹为吉利桥。"织里，是由春秋时期吴王宫廷所设，是专门从事织造锦绸的场所，用现在的话来说，就是最早的国营丝织厂。汉代刘向《说苑》记载："晋平公使叔向聘吴,吴人饰舟以送之,左百人、右百人,有绣衣而豹裘者,有锦衣而狐裘者。"意思是:晋平公派遣使节叔向来吴国访问,叔向由吴国返回山西时,吴国人用装饰富丽的花舫为他送行,在船的两舷,各有100名送行者,有的穿着刺绣服装,有的穿着锦缎和毛皮的服装。由此看来,那时吴国的达官贵人已较多使用丝织品了。其实,苏州的丝绸历史远早于吴王时期,据考古记载,苏州的先民早在6000年前就懂得如何通过养蚕来抽丝织绸。这有唯亭草鞋山出土的炭化丝织物残片"葛布"为证。到了春秋时期的吴国,已能制作出工艺难度较大的缟、锦、罗、缯等丝织品了。

锦帆路:相传吴王常携西施乘船出游,使用的船帆是用锦缎做成的,游行时但见彩绸飘动不见河道,为此所经护城河被称为锦帆泾。后河道逐渐淤塞。此为现锦帆路的来历。南宋《吴郡志·卷十八》记载:"锦帆泾即城里沿城濠也,相传吴王锦帆以游。"此记载说明锦帆河是吴都子城的西城濠。

北局:俗称小公园,地处苏州观前街中段南侧,周围有第一天门、珍珠弄、东太监弄、西太监弄(旧青年路)和北局(西、旧三贤祠巷)六个道口同外相连。苏州北局是苏州老城区内除了观前街、玄妙观外的另一个商业、文化、娱乐区域。从唐宋开始,苏州的丝绸业得到迅速发展,其中一个原因是南方社会稳定,没有战火纷扰,从而为丝绸业的发展提供了良好的社会环境;另一原因是北方战火的蔓延,导致大量人口南迁,由此将北方精湛的丝绸制作工艺带到了南方,这使苏州的丝织业得到了进一步的繁荣和发展。随着南宋王朝的建立,全国的政治、经济中心南移,苏州更是成了全国丝绸生产和技术中心之一。当时,苏州、杭州、成都三大官营织锦院号称全国三大丝织中心,每处雇佣工匠多达数千人。其时最著名的当属宋锦、缂丝、刺绣。至元朝,朝廷在苏州设立织造局,专事管理织造事务。由此开始,历朝都有管理丝织的织造官府。明朝设立的苏州染织局即在今天的北局位置。

南局：清初，由于朝廷对丝织品的大量需求，在苏州城南又另建了一个织造府（今苏州市第十中学本部），遂称原染织局为"北织造局"，简称为"北局"，地以局名。清织造府便简称为"南局"。清织造府规制宏大，厅堂、苑囿、吏舍、机房，无不完备，共占地达百余亩。康熙、乾隆两帝历次南巡，都下榻织造府西花园，可见其地位不同一般。《红楼梦》作者曹雪芹的祖父曹寅、舅祖李煦曾先后担任苏州织造之职，因此，曹雪芹与苏州织造府有着千丝万缕的联系，难怪书中对丝绸服饰、面料、陈设等的描述生动细致，这和他的生活经历密不可分。很多红学家认为，《红楼梦》里的大观园即脱胎于苏州清织造府西花园。

太监弄：明代，皇帝还派亲信太监主持织造事务，大小太监的聚居地就被称为太监弄。清《吴门表隐》记载："金玉、如意二监，赐明太保俞士悦侍从，筑室以住，即今太监弄。"后来，民国时太监弄拓宽，开出了不少饮食店。据地方志记载，民国二十八年（1939 年），到太监弄择址开业的有三和菜馆、味雅菜馆、上海老正兴、苏州老正兴、新新菜饭店、功德林素菜馆、大东粥店、大春楼面店及清真馆等，加上熟食摊贩昼夜不绝，一时便有了"吃煞太监弄"的俗谚。

西花桥巷：因巷中曾有一座花桥而得名，为明清时期花缎织工聚集等待被雇佣的地方。清《吴门表隐》有这样的记载："花桥，每日黎明，花缎织工群集于此。"反映了苏州早期雇佣与被雇佣的资本主义生产方式。如平江路，"东北半城，万户机声"的丝绸业盛景即发生在以其为中心的周围片区中。

衮绣坊：位于苏州市沧浪区，东起凤凰街，与带城桥下塘相对，西至乌鹊桥北堍平桥直街，与长洲路相对。北宋天圣五年（1027 年），进士元绛（字厚之）官至参知政事，以文章政誉名重一时，归老后居巷内。知州章岵为立衮绣坊于巷西口，因而得名。"衮绣"指古代三公（最高

级官员)的礼服。后世未究原义,遂讹为"滚绣"。巷内向为显宦大族所居。滚绣坊6号曾为太平天国梁王府。26号顾宅、41号吴氏继志义庄被列为控制保护古建筑。20世纪80年代在巷临河隙地砌置各式花坛,栽花种草,植树叠石,东段搭建彩色竹制过街花棚两座,巷容优美,被评为卫生绿化市级先进。巷长430米,宽6.7米,1982年改弹石路面为水泥六角道板路面。中段北侧青石弄之东,原有支弄名火弄(亦作虎弄),1982年因重名而撤并。

与苏州丝绸文化相关的地名还有云锦公所、桑弄、绣巷、丝行桥、巾子巷、孙织纱巷、绣线巷、桑园巷、蚕桑地、新罗巷、机房殿、作院、七襄公所、文锦公所、桃花坞打线场、领业公所、成衣公所等。

三、苏州丝绸风俗

丝绸文化是中国传统文化中一个不可分割的部分,更有各种各样的丝绸民俗。

1. 蚕神崇拜

在科学不发达的古代,人们把丰收的期望寄托于神灵的保佑。据史书记载,从3000多年前的周代开始,朝廷的统治者对祭祀蚕神活动就很重视。历朝历代,皇宫内都设有先蚕坛,供皇后亲蚕时祭祀用,每当养蚕之前,需杀一头牛祭祀蚕神嫘祖,祭祀仪式十分隆重。在民间,对蚕神的祭拜是蚕乡风俗中最重要的活动,除了祭祀嫘祖外,各地根据当地的风俗祭祀所崇拜的蚕神,有祭祀"蚕花娘娘""蚕三姑"的,也有祭祀"蚕花五圣""青衣神"等蚕神的。民间供奉蚕神的场所也不同,有的建有专门的蚕神庙、蚕王殿,有的在佛寺的偏殿或所供奉的菩萨旁塑蚕神像,有的蚕农家在墙上砌有神龛供奉印有蚕神像的"神码"。

伴随蚕神崇拜,蚕乡还有各种祭祀活动,如江南一带清明"轧蚕花"活动。每到养蚕时节,浙江杭州、嘉兴、湖州地区以及江苏苏州地区的养蚕妇女要用红色彩纸剪扎成一种像绣球一样的纸花,插在鬓发上,或者到庙会上买些专门的绢花来做发饰,称为"戴蚕花",以增添蚕期气氛。相传,戴蚕花起源于春秋,是西施首创,以后逐渐成为蚕乡妇女的一种独特的装饰习俗。后又将这种蚕花作为吉祥物用到婚嫁迎亲等礼仪场合,像"竖蚕花柱""坐蚕花床"等,以图吉利。

除了"戴蚕花"之外,在养蚕时节蚕农们还要"拜蚕神",以祈求神灵保佑蚕事一切顺利,出茧丰收。吴江盛泽的先蚕祠遗址,就是拜蚕神的祠庙,当地人称"蚕花殿"。①

2. 养蚕祭祀

古时候,由于蚕农对科学知识不了解,在养蚕季节产生了许多禁忌,如蚕农为了防止一切对蚕的病毒、虫兽之害,在养蚕前要打扫蚕房,清洗蚕匾,张贴用红纸剪成的猫、虎形剪纸等,防止老鼠;在蚕室的门上贴写有"育蚕""蚕月知礼"等字的红纸,谢绝相互之间的来往。在养蚕时到孵蚁结茧,蚕户要家家闭户,停止一切交往,不可打扰蚕娘。清代乾隆《震泽县志》称三四月为蚕月,谓之"蚕关门"。这一风俗在客观上有利于防止蚕病传播蔓延,有一定的科学道理。结茧后,乡间邻里才开始恢复串门,称之为"蚕开门"。

3. 生产习俗

养蚕是一项十分艰辛的生产劳动,而蚕宝宝又天生娇嫩,因此,在养蚕时必须细致入微,不能有半点马虎。几百年来,蚕农们在养蚕的过程中形成了一系列独特的生产习俗,如浴种(把蚕种消毒),必须在一个特定的日子,事先祭祀蚕神;喂养小蚕时,蚕室内要用炭盆加温,保持一定的温度才能使小蚕健康生长,到蚕三眠时可取消炭盆;到蚕

---

① 2014年5月1日,吴江震泽举行第一届蚕花节。

最后一眠时,需进行分蚕,或把蚕放入室内的地上,或换成大匾等,与此同时产生了各种各样特别的禁忌和习俗,从而使养蚕蒙上了一层神秘的色彩。比如"望山头""饮落山酒""敲蚕花鼓",是等收成有了一定的把握,蚕月大忙,总算有了希望,因此开展的一系列庆祝活动。期间进行评比蚕的质量,设宴庆贺,祭谢蚕神。

第四节　丝绸文化在苏州文化中的作用和地位

丝绸文化源远流长,和苏州的城市发展结下了不解之缘,为苏州的地方经济建设做出了很大贡献,更为苏州文化在国内外的交往中发挥了不可替代的作用。

一、为苏州经济注入活力

苏州周边沿太湖一带的震泽、盛泽、洞庭东山和西山等地的桑蚕丝绸生产发展迅速,一些农村家庭中,丝绸生产从副业变成主业。种桑养蚕织绸不仅可以折抵税赋,而且是重要的经济来源。清乾隆年间,苏州城内拥有织绸机1.2万台,从业人员接近当时苏州城市总人口的三分之一。

二、影响了苏州城市发展

丝绸业的发展促进了城市的日益繁华,城市人口激增,城区向郊区拓展。明代中叶,苏州辖23镇、22市,到清朝已经增加到61镇、59市,成为江南一大都会。盘门、葑门一带,清代乾隆初年还是人烟稀少,到乾隆末年,已经成为"万家灯火"的热闹地区。

明清两代苏州丝绸业不断发展,官府织造技术不断向民间和乡镇、农村辐射,有力地促进了苏州城乡技术交流和城乡经济发展,使得民间丝绸业的技术水平迅速提高。丝绸业成为苏州城市发展的基础和依托,苏州也赢得了"丝绸之府"的美誉。

三、调整了苏州社会结构

资本主义经济的萌芽,使得苏州产生了以机匠为主体的新的市民阶层,他们的出现,促使苏州的社会结构发生重大变化,经济和文化消费都出现了新的群体,并且成为一支重要的社会力量。

丝绸业的发展,改变了苏州城市的社会结构,逐渐演化出新的社会阶层和群体。在劳动关系中,逐步形成了以资本组合为特点的劳资关系,导致新一代产业工人的出现,为近代民族工业的发展奠定了基础。在社会意识形态上,逐步改变了中国封建社会士、农、工、商的社会等级序列,使传统的社会价值体系开始动摇。

丝绸业的发展,不仅引发了资本主义生产方式的出现,同时也带动了苏州其他行业和整个社会的发展,使苏州在近代成为我国工商业最为发达的城市之一,同时也提升了苏州整个城市的功能和地位。

第八章
丝绸文化的品格

第一节 丝绸文化的特点

"文化"是个外延非常宽泛的范畴。它主要有三种形态：一是物质形态,是有形的,如古典园林建筑;二是观念形态,是无形的,如延安精神;三是艺术形态,是有形与无形的结合体,如中国书画、昆曲等。但不论如何定义,也不论是怎样的一个形态,只有把"文化"与创造文化的人联系起来,并放在人的素质层面来考察,才能较为准确地提炼出其内涵。

中华文化博大精深,丝绸的文化特征也是经过历史积淀,长期形成,并为人们所共识、认可的物质财富与精神财富的总和。正像茶文化、酒文化、饮食文化、服饰文化等一样,是以某种特质为载体,围绕其形成的一种独特气质的文化。

一、经济品格

丝绸产品,最初是满足人们的服装需求,逐步地成为产品,可以"为别人而生产",进而成为一种商品。这种商品交换日益频繁,促进

文化丝绸
wenhua sichou

了商业的繁荣。生产者不仅可以满足自己的需要,通过买卖还可以换取自己生活所需的其他商品,这就带动了经济的发展。丝绸作为一种商品,可以带动其他商品的流通,甚至以点带面,如明清时期的苏州,就是以丝绸为代表的商品集散中心,阊门一带被誉为"天下第一码头",连江苏巡抚林则徐都感慨,苏州南浩街竟然可以比得上一个汉口市。

以丝绸为代表的丝织工业后来成为中国最早出现资本主义萌芽的领域也绝非偶然。甚至新中国成立初期,以丝绸为代表的丝织工业就是创汇、就业的大户,成为国民经济的中流砥柱。人民币、邮票、国庆巡游海报等上面均有丝织工人的形象。

货币在古代也是与丝绸产品相关的。《说文解字》中云:货,财也;币,帛也。币是没有颜色的丝质品,它的本源概念是作为一种礼品在人与人之间的流通。到了战国时候币的概念就多了,我们的玉和马也出来了,有"车马玉帛"的概念。

先秦的时候"布"是十一个青铜的钱块,战国末期的秦国,使用"布"作为法定货币。商代甲骨文中就已经有了"丝""麻""桑""蚕"等字,说明当时人们用来做衣服的原料已经以布、帛为主。《说文解字·巾部》中云:布,枲①织也。

汉代布帛的价值尺度职能更为突出。在魏晋南北朝的时候,官员们的钱都是用帛的。隋唐商品交换频繁,经济复苏,但布帛仍是法定流通货币。到了唐朝有了"金银之属谓之宝,钱帛之属谓之货"。

宋代,丝绸商品经济已相当繁荣,丝织手工业和丝绸商业性城镇大量涌现,如开封、成都、苏州、杭州、婺州(金华)、鄂州及濮院、王江泾等。行业的相对集中又进一步推动了丝绸生产的商品化发展,并向周边地区扩散。

---

① 所谓"枲",本指大麻的雄株,开雄花,不结实,后泛指一切麻类植物。

随着北宋政权的南迁,我国丝绸业重心亦随之南移。两宋时期,丝绸生产除官营以外,还有私营及官府民机包织等形式。与此同时,农村还出现了半脱离土地的准蚕织户,有些流入城市,成为待人雇佣的丝织工匠,又称"机匠"或"机工",还有些则拥机备料自织,又称"机户"或"织户"。

明代,江浙一带丝绸经济进一步发展,丝绸手工业及商业成为城市产业中之主业,举足轻重。明中后期,苏州城内织工、染工各达数千人,东半城比户皆织,尚不包括城郭外五六十里地之农村,丝织业中已孕育出资本主义萌芽,出现稍具规模的织造工场,设机督织,并分化出专业性较强的作坊主、机户和机匠。明英宗正统年间(1436—1449)作坊主在玄妙观三茅殿及机房殿,祭祀轩辕黄帝,成立了当地丝织业的正式行会组织。凡机户向机匠揽织,其后甚至各乡区揽织机户,概向机房殿书立承揽,交户收执,规定凡承接加工和雇工织造,都要到此按章程办理手续,以资凭证。

晚明,苏南、浙北出现一批丝绸特色的新兴市镇,鬻丝卖绸,引来四方商贾,俱到此收货,形成了零星上市和批量收购之间的矛盾,于是产生了专事丝绸贸易的牙行和牙人,市集牙行集零为整,转输他方,货畅其流,促使丝绸贸易的进一步繁荣。

清代,康熙年间以后进入盛世,社会趋于稳定,丝绸经济繁荣,行业内部分工细化,丝绸商贸活动活跃,丝绸生产的资本活动扩大,出现了颇具实力的牙行和包买主。与此同时,丝绸产区间的商旅活动和经济交流亦日趋频繁,各帮客商来往于各丝绸市集间。练染、丝线、丝绣、踹轴[①]、浆粉之类的作坊亦日渐增多。为保障同业同行或同乡利

---

① "踹轴"又名砑光,将绸卷于轴,置于光滑的凹形承石上,轴上放踹石(俗称石元宝),踹匠站立在石元宝两尖头,双手扶住支撑竹竿,双脚晃动石元宝,在绸上反复碾压,可使绸面砑光发亮。

益,在求生存、同发展的意识下,丝绸各行业纷纷组织起来,成立自身的同行组织,中国丝绸行会逐渐步入发展期。至清中叶,中国丝绸行会组织已相当健全,成为中国工商行会组织中最具影响力的一支。1840年后,为适应新的经济形势,中国丝绸行会步入近代化进程,主要体现在推动丝绸行业的近代工业化和丝绸对外贸易的扩展上。而行会组织日趋强盛,职能日益完善,并横向发展,出现了跨地区、省区乃至全国性质的丝绸行会组织。

二、科技品格

就传统的丝绸工艺来说,处处都有科技的身影。缫丝从原始开始就要借助木质的缫丝腰机,说它是机器也好或机械也好,毕竟都要借助工具。每一个朝代,丝织业的进步都离不开机械的进步。从木机到铁机,从蒸汽到电力动力,从制版印花到电子印花,丝绸业离不开机械、电子、化学化工、计算机,甚至当今最前沿的纳米技术都应用到了丝绸行业。丝绸业的每一次重大进步的背后,都是科技进步的支持。即便是丝绸工艺的操作技术的进步,也为社会带来巨大的财富。于2009年当选为新中国成立以来四川省最具影响力劳动模范候选人的桂兰珍,是一个缫丝女工,两次受到毛泽东主席的接见。她熟练地率先掌握了"一粒一添、双手添绪、定粒配茧缫丝"的先进操作技术,产量由原来的35桶提高到46桶,匀度由78分提高到86分,并且巩固在86分以上,破例缫出双A级生丝,解决了丝厂产品质量低、完不成A级丝计划的关键问题。

数码喷墨是近年来发展很快的丝织品印花技术。20世纪90年代,随着电子分色、配色等CAD技术在丝织染整业上的应用,日本、荷兰等国把用于纸张的数码喷墨印刷技术成功地移植到丝织物上。我国的数码喷墨印花技术近年来发展也很快,杭州、山东、北京等地在桑丝绸印花上已经广泛应用该技术。因为减少了制版工艺,大大缩短了出产周期,所以数码喷墨印花技术可最大限度地满足个性化、小批量、快速交货的要求。

数码喷墨印花是将数字化的技术处理图像输入计算机,经电脑印花分色系统编纂后,由专用软件控制喷墨印花系统,将专用墨水直接喷印到丝绸上。数码印花技术不需要分色、描稿、制版、制网以及配色、调浆等工序,将输入电脑的图像处理后,即可喷印,出产不受数目、长度的限制。数码印花技术大大提高了普通印花的清晰度,且花色变化更加丰富,可配出上千万种颜色,极大地满足了用户对各丝织物品种的要求。

数码印花在国内丝绸行业的应用是真正意义上的一次印花工艺技术的革命,数码印花较传统印花有很多优点,具体来说有以下三点:

第一,数码印花省去了传统印花方法中的制作花(网)版的工序,使印花打样速度大大加快,而且打样成本降低。

第二,传统印花往往受到很多局限,而数码印花不受花样花回大小、套色的限制,对花精准,层次丰富,印花效果好,可用于高档丝织品的印花。

第三,数码印花生产满足了小批量、快反应的客户需求,可生产高档、个性化的印花产品。

三、精致品格

丝绸本身就是非常精细的制品,一根蚕丝的直径是头发丝的十分之一,头发丝的直径一般为 0.05—0.08mm,则蚕丝的直径为 0.005—0.008mm。即使 8 根蚕丝并成一根生丝,也比头发细。缫丝工人还要进行打结等操作,一般每分钟要打结 20 个左右。素纱襌衣是 1972 年在长沙马王堆汉墓发掘出的一件文物,被视为西汉时期丝织技术巅峰时期的作品,为国家一级文物,仅重49克,薄如蝉翼,叠起十层放在一张报纸下面,报纸上的文字仍清晰可见。在工艺方面,以苏州为代表的精湛手工艺品在全国独树一帜,成千上万的能工巧匠以他们的聪明才智和灵巧双手创立和发展了苏州工艺美术精细雅洁的独特风格,精美出众,历来成为贡品的热门。以苏绣为例,苏绣以针线细密、构思精巧细腻著称。人称:"用绒止一二丝,用针如发细,设色精妙,光彩夺目。"工艺的精巧上了更高的层次,甚至国内流传着这样的民谚:"货虽破,苏州货。"清代晚期著名刺绣专家沈寿融西洋画的光线、质感于刺绣中,以"仿真绣"一举夺得巴拿马万国博览会金牌。此后,乱针绣、双面异色异形绣、发绣等技法异彩纷呈,开创了一代绣艺新风。2014年,苏州创博会上"天水和一"的苏绣屏风,最精密处用的丝线只有普通丝线的1/48,用这么细的丝线绣出来的水,正面是看不出来的,从侧面观赏则可以看到波光粼粼。

四、包容品格

1. 艺术形式的包容

如前文所述,丝绸艺术的表现形式多种多样,这本身就说明了丝绸艺术的包容性。它以丝绸为本体,不断与其他艺术形式进行融合共生,吸收其他艺术文化气息,不断繁衍壮大,正是其博采众长的包容性所致。2004年中国十大最具经济活力城市评比活动中,对于苏州的解说词是这样写的:"一座东方水城让世界读了2500年,一个工业园用10年时间磨砺出超越传统的利剑。它用古典园林的精巧,布局出现代经济的版图;它用双面绣的绝活,实现了东方与西方的对接。"丝绸不仅在贸易上使得世界了解中国,也使得中国文化在世界传播。同时它也用自己的语言,让国人了解世界,实现东西方文化对丝绸之美的共同赞誉。2014年北京APEC会议上,国家主席习近平及其他APEC领

导人穿着以宋锦制作的服装亮相,宋锦是最能代表中国传统文化的丝绸面料之一。

2. 表现形式的包容

沈寿的绣品《耶稣像》、苏绣名作《列宁像》之所以蜚声海外,不仅在表达的内容上做出突破,而且在气质、神态等方面赢得了西方审美观的极大认同。

2014年5月,苏州工艺大师金国荣在真丝素绉缎上,完成4幅《苏州园林》真丝剪纸,让人感受到苏州园林、丝绸、剪纸三合一的独特魅力。真丝剪纸工艺申请通过了国家发明专利,并在中国丝绸档案馆展示。

3. 重大事件的推动

① 造纸术:纸,从糸,氏声,说明早期的纸与丝有关。早在五六千年前的新石器中期,中国便开始养蚕、取丝了,而到了西汉前期,丝织在社会经济中居于重要地位。当时,较好的蚕茧抽丝织锦,而剩下的较差的蚕茧做丝绵。经过多次漂絮,将表面残絮形成的薄薄的丝片剥下来,用作书写,便是早期的"赫蹄"。赫蹄的出现给古人极大的启发,经过不断地摸索、研究,终于成功地发明了植物纤维。而东汉时期的蔡伦只是改进了造纸术,扩大了造纸原料的来源,运用树皮、麻头及敝布、渔网等原料来造纸。纸的出现,对文明传承和社会进步都有积极作用。

② 印刷术:印染技术对于雕版印刷有着很大的启示作用。印染是在木板上刻出花纹图案,用染料印在帛上。中国的印花版有凸纹板和镂空板两种。1972年在马王堆古墓中发现了大量的文物,特别是大量帛书文献。其中一号墓出土了一幅精美的T型帛画。该帛画采用凸纹板的印刷技术。纸发明后,人们将帛替换成纸,染料改成了墨,就成了雕版印刷。而毕昇就是在雕版印刷术的基础上发明了活字印刷

术。活字印刷术将死字变成了活字，将死版变成了活版，为文化的传播创造了条件。

③ 指南针：在两千多年前的战国时期，古人利用磁石指示南北的特性制成了指南工具——司南。古人将整块天然磁石琢磨制成勺形，勺柄指南极，并使整个勺的重心恰好落到勺底的正中，磁勺置于光滑的地盘中，地盘外方内圆，四周刻有干支四维，合成二十四向。到了宋代，劳动人民掌握了制造人工磁体的技术，又制作出了指南鱼。而经过长期的改进，人们又把钢针在天然磁体上摩擦，使钢针有了磁性。这种经过人工传磁方法而制成的钢针可以说是正式的指南针。沈括相继使用了水浮法、缕悬法、指甲法和碗唇法指南。这里要说的就是缕悬法。缕悬法就是在磁针中部涂上一些蜡，上面粘一根丝线，把丝线悬在木架上，针下安放一个标有方位的圆盘，静止时钢针就指示南北。至于为什么用丝线，而不用棉线或麻，这是由于当时棉线还没有引进，而麻明显要比丝粗。指南针的出现促进了远洋航行，推动了世界地理的大发现。

④ 火药：火药的发现其实具有一定的偶然性。古时，道家一直在追寻着一种长生不老的梦，于是他们不断地炼丹，希望有一天能够通过丹药得道成仙。而到了唐朝，此时的炼丹师已经掌握了一个很重要的经验，那就是硫、硝、碳三种物质可以构成一种极易燃烧的药，这种药被称为"着火的药"，即"火药"。显而易见，火药无法使人长生不老，由此该技术极容易失传，而恰恰有一位炼丹师将其画在了一幅帛画上，并且几经辗转到了一位军事家手中，他通过帛画上记载的配置方法，调配出的火药杀伤力强大，随后将其用于军事领域。可以说，如果没有帛画，火药技术的诞生将会推迟，而到那时火药是否会成为中国的四大发明，也未可知。可以说帛画对火药起了记载和传承的作用。

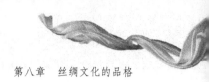

第二节 丝绸文化的人文精神

一、尊师重教

从一个自然人过渡到一个社会人,必须经过教育,包含知识的传授、观念的培养、习惯的养成、价值观的形成等。教育成为人文精神中不可或缺的重要组成部分。丝绸或者丝绸技艺从出现之后,其手艺或工艺的传授一般就是从口口相传开始,到拜师学艺,再到专业培养,也离不开师傅或老师的教导。在手工业时期,不论刺绣、苏绣、宋锦等丝绸工艺,均采取拜师的方式,以师徒关系来传承相关技艺,在此基础上也形成了不同艺术风格和流派。业内杰出人才的涌现,往往需要名师的指点,通过十年或数十年的培养,才能达到本领域的顶级水平。丝织行业尊师重教的这一传统一直延续至今,即使是今天的高校专业教育,除了理论的学习,作为一门对工科人才的培养课程,实践环节仍然不可或缺,工厂实习中仍然保留了师徒的传承关系。这种在共同工作和生活中建立起来的师徒关系非常牢固和亲切,徒弟们对于老师或师傅的尊重甚至超越了校园内导师与学生的教学关系。

二、人尽其才

在"万般皆下品,唯有读书高"的封建社会中,能够通过科举飞黄腾达之人毕竟少之又少。丝绸文化中的人尽其才的思路,实际上拓宽了人才成长的路径,进而也带动了多元价值观的形成。在商业和手工业迅速发展之后,由于市场出现了多种需求,相应就带动了新岗位、新职业的萌芽。更多的人可以凭借自己的爱好,求得一门手艺而在社会中生存与立足,不仅进入丝绸、刺绣行业,而且可到餐饮、雕刻、叠石、刻板、装裱等服务领域和手工业领域,甚至相关文化领域去谋生。传统的农业耕作方式,费时费力,生产效率低,丝织行业的发展,使许多人不需要依靠耕种土地为生,他们依靠自身的体力和自己手上的技艺就足以谋生,甚至还可以生活得比常人更好一些。这不仅解放了大量劳动力,而且对各行业的发展也是极大的促进。这也反过来进一步推动了人们思想观念的转变,淡化了务农为本的小农意识,确立了以技术到社会实践中实现自己的人生价值的思想。时至今日的"工艺美术大师"的荣誉称号也是对多元人才的肯定。

三、追求品质

衣食住行是百姓生活的每日功课,衣排在第一位,可见其重要地位。生活品质的高低,日常的着装打扮就是一个重要的体现。从历史上看,不管是官服样式还是服装的颜色,都体现了穿着者的社会地位。衣服除了遮风避雨的基本功能外,人们都重视其材质、做工、款式,甚至一些制式都成为时尚人群追逐的对象。在历史上就有不少皇室成员和一些贵族都以能够获得"苏式"的服装为荣。丝绸服装,一方面穿着舒适,另一方面体现了高贵的气质,其做工的讲究,使得丝绸服装能够不断推陈出新,与时代要求相适应,与穿着的场合相适应,与穿着的季节相适应。

四、敢于创新

对于丝绸的热爱,促使人们不断创新。从布料衍生到服装,如丝绸旗袍;从服装衍生到床上用品,如蚕丝被;从床上用品衍生到装饰品,如用宋锦做的包装材料。对蚕蛹不仅食用,而且利用其蛋白质的特性,将其应用于化妆品。把家蚕丝应用于手术缝合线,不仅对家蚕丝有深入的研究,而且对柞蚕丝、蜘蛛丝等都有研究。在纺织领域,大

第八章　丝绸文化的品格

胆对蚕丝长纤维与棉短纤维进行交织等。当下文化创意类产品不断涌现，宋锦笔记本、宋锦手袋、宋锦囊等带给人们新的体验。以上种种与蚕丝相关的新品都体现了人们大胆创新的勇气。

第三节　丝绸品牌及其提升

一、丝绸产品品牌

1. 产品品牌

太湖雪：苏州英宝丝绸有限公司旗下的"太湖雪"品牌是中国真丝家纺行业的知名品牌。苏州英宝丝绸有限公司是一家集蚕桑种植、生产、设计、销售于一体的专业真丝家纺生产企业，已成为苏州地区最大的蚕丝被生产企业，年生产各种蚕丝被达30万条。

乾泰祥：苏州民谚道"吃在松鹤楼，穿在乾泰祥"，乾泰祥丝绸有限公司是苏州观前街上最大的绸布商店，也是迄今为止苏州城里最老的绸布店。它还是全国针纺织品行业"祥"字号理事单位之一，屈指算来创办至今已逾140年。

新民纺织科技：2007年4月18日在深圳证券交易所挂牌上市，在中国纺织工业协会组织的全行业竞争力综合测评中，公司连续7年入围"中国丝绸行业竞争力前十强"。该公司通过了国家纺织品开发中心的审核，正式成为"真丝及仿丝绸产品开发基地"，也是全国首家仿真丝面料开发基地。产品出口主要面向欧美、日本等高端市场，多项产品在国际市场上具有很强的竞争力。

"东吴"牌绸缎：主要产品有各类真丝产品、交织复合产品、化纤仿真丝产品等，其中包括以"塔王"为代表的国家金质奖，部、省优质产品30多个。1997年"东吴"牌绸缎被中国纺织总会认定为中国丝

文化丝绸

绸行业名牌产品,1998年、1999年、2000年连续三年被江苏省名牌产品认定委员会认定为江苏省名牌产品和重点名牌产品。烂花系列一枝独秀,发展到目前的丝绵复合、丝毛复合、丝麻复合、真丝氨纶弹力复合、真丝人丝闪色、真丝天丝交织、人丝系列、烂花系列及防水透湿、防缩抗皱等10大类面料。近几年来,每年研究开发的"多组分、多功能复合纤维交织高档面料"新品种达几百个,并已实现了产业化。

达利发:是达利丝绸(浙江)有限公司旗下品牌,"达利发"被世界品牌实验室(WBL)评定为中国丝绸行业第一品牌,被纺织媒体评定为"纺织服装行业十大最具流行影响力纺织品牌",以及被纺织工业协会授予"中国纺织品牌文化创新奖"等。"达利发"牌丝绸被评为"浙江省名牌""中国名牌"及"国家免检"产品,此外,"达利发"商标为浙江省著名商标。

万事利:是杭州万事利丝绸礼品有限公司旗下品牌,万事利商标在1999年被国家工商总局认定为中国驰名商标,这也是国内丝绸行业第一个驰名商标。2000年9月,在随同前国家主席江泽民出访美国的"中国文化美国行"活动中,万事利集团作为中国丝绸行业唯一的"赴美大使",推出了"黄河之梦"服装系列,成功展示了中国民族丝绸精品的独特魅力,在美国引起了强烈的轰动。2001年5月应国家经贸委的要求,万事利集团有限公司为参加APEC上海会议的各国政要、世界巨贾设计制作了300套代表国际顶极丝绸工艺的男女式真丝睡袍,被国内外誉为"唐装内衣"。2004年8月,万事利真丝绸被中国名牌推进委员会认定为"中国名牌"。

2014年11月22日至27日,苏州大学校友、客座教授、万事利集团总裁李建华登上中央电视台科教频道(CCTV-10)《百家讲坛》栏目,主讲《红楼梦·丝绸密码》,带领我们探究《红楼梦》中暗藏的丝绸密码,品读流传于经纬之间的丝绸文化。这是苏州大学有史以来第一位登上央视《百家讲坛》的校友。李建华1962年出生于江苏苏州,1980年至1984年就读于原苏州丝绸工学院丝绸工程专业,2004年任以丝绸文化创意为主业的现代化企业集团——万事利集团有限公司总裁。他把丝绸行业的复兴作为自己终生的事业,经过不断探索和实践,万事利集团现已形成丝绸、服装产业,生物科技产业,医疗产业和图书、电子物流市场,以及南方家园物流市场的发展格局。

苏豪:创建于1979年,原名江苏省丝绸进出口集团股份有限公司,是一家以国际贸易为龙头、实业发展为基础、内外贸并举的大型综合性国际贸易产业集团公司。江苏苏豪国际集团经营商品包括丝绸系列产品、纺织服装产品以及船舶、机电、轻工、化工建材等,与100多个国家和地区建立了贸易往来,在德国、意大利等国家以及中国香港地区建立了自己的贸易机构,拥有苏豪技贸、苏豪服装、苏豪经贸、苏豪丝绸、苏豪船舶、苏豪轻纺、上海苏豪、上海时尚、无锡苏豪等外贸子公司。年进出口总额超过10亿美元,利润2亿元左右。苏豪国际集团连续十多年在中国出口200强和进出口500强榜上有名。

上久楷:吴江鼎盛丝绸有限公司的品牌,以宋锦产品著称。2014年APEC会议带火了苏州宋锦。据调查,目前苏州全市尚有宋锦生产单位5家,各类宋锦机台总计22台,生产用于装裱为主的宋锦,少量用于生产复制古代宋锦,年产宋锦15—20万米。

2. 地域、旅游品牌

湖州:1851年,英国举办首届世界博览会——万国工业博览会,商人徐荣村寄送的12包产于浙江湖州南浔辑里村的"荣记湖丝",一举获得维多利亚女王亲自颁发的金银大奖,成为我国第一个获得国际大奖的民族工业品牌。湖州是全国著名的蚕乡,也是世界丝绸文明的发祥地之一。

盛泽:是中国重要的丝绸纺织品生产基地和产品集散地,历史上

文化丝绸
wenhua sichou

以"日出万绸、衣被天下"闻名于世,有"绸都"的美称。盛泽镇区的中国东方丝绸市场创建于1986年,经过多年发展,市场区域面积达到4平方公里,来自全国各地的6000余家丝绸商行云集场内,经营10多个大类、数千个品种的纺织品。2011年市场交易额实现821亿元,连续七年市场交易额居全国同类专业市场首位。东方丝绸市场被认定为"国家级面料出口基地",市场管委会被授予"全国纺织工业协会先进集体"称号。"中国·盛泽丝绸化纤指数"被誉为行业的晴雨表,《中国纺织化纤面料编码(部分)》正式成为国家标准。盛泽纺织业已初步形成一条从缫丝、化纤纺丝、织造、印染、织物深加工到服装制成品的产业链,及集研发、生产、市场、物流、服务为一体的配套体系。盛泽镇先后被国家科委评为"国家级丝绸星火密集区",被农业部命名为"全国乡镇企业示范区",被中国纺织工业协会命名为"中国丝绸名镇"。盛泽已成为中国丝绸纺织的主要生产基地、出口基地和产品集散地,并向建设国内最大、世界著名的丝绸纺织生产基地迈进。拥有"盛虹""福华织造""德尔""桑罗"4个中国驰名商标,"盛泽织造"和"绸都染整"2个国家级行业集体商标,拥有恒力、盛虹、鹰翔等国内知名大型纺织企业集团,丝绸股份、恒力、华佳、德尔4家企业的产品获得中国名牌称号。2012年吴江盛泽镇开发了"先蚕祠景区"。

震泽:自清代中叶起,丝织业鼎盛,"辑里干丝"远销海外,清代光绪年间产量占全国的十五分之一,丝织服装行业十分发达,如新申制衣集团、苏龙绢纺集团、山水丝绸等,年销售额达3亿元以上,跨入省级企业集团行列。

镇湖:镇湖有一条专门从事刺绣制作、加工、展览和销售的街道——绣品街。数公里的街道两旁有上百家店铺,游客可以在店里观赏到精美的刺绣作品,也可以零距离观看镇湖绣女用她们灵巧的双手穿针引线,当然也可以购买到最原汁原味、最正宗的苏绣作品。

中国刺绣艺术馆：于2007年年初建成开放，位于苏州市高新区镇湖街道，为目前国内规模最大的专业性刺绣展馆。2008年12月，该艺术馆通过国家AAA级景区评审。与其他艺术馆、博物馆纯粹展示文化不同，中国刺绣艺术馆之所以申报国家级景区，就是为了推动高新区西部刺绣产业和旅游业的发展。为此，该馆在现有的刺绣展示厅、绣史馆、演示厅、游客接待中心、刺绣研发中心等功能区的基础上，进一步完善了景区服务功能，设置了影视区、游客休息区等设施。作为一个"刺绣城"，镇湖已吸引了大量游客。中国刺绣艺术馆的建立，进一步提升了镇湖刺绣的影响力，也极大地推动了当地刺绣产业的发展。据统计，开馆以来，该馆已接待游客几十余万人次。

3. 产业群品牌

2006年5月18日，苏绣被文化部命名为"苏绣文化产业群"。为积极培育市场主体，增强微观活力，通过先进文化企业的示范、窗口和辐射作用，引导促进我国文化产业持续健康快速发展，不断提高文化产业的总体实力和竞争力，文化行政部门管理的演出业、影视业、音像业、文化娱乐业、文化旅游业、网络文化业、图书报刊业、文物和艺术品业以及艺术培训业等领域的各类所有制的文化企业，都可以申报国家文化产业示范基地。

浙江桐乡：桐乡以生产蚕丝被、真丝毯著称，被誉为"丝绸之府"。桐乡一带的人们一直传承着制作蚕丝被和蚕丝棉袄的技巧，蚕丝被从旧时的自用到商业化，桐乡人具有突出的贡献。20世纪80年代，是桐乡人第一个将蚕丝被卖到了日本，从而打开了蚕丝被的商业之门。经过30多年的时间，蚕丝被行业得到了飞速发展，2011年政府扶持的桐乡国际蚕丝城（四季汇）上线。

四川南充：被誉为"丝绸之乡"。南充丝绸业发达，是四川丝绸业的重要组成部分和蜀绣代表之一，初步形成了从蚕桑养殖、丝绸加工到丝织深加工的产业链。

江苏海安：被誉为"茧丝绸之乡"。纺织和丝绸形成织造、印染、成衣一条龙生产线，钩针衣闻名世界，被外商誉为"东方珍品"。

浙江嵊州：以"真丝领带"为特色，是丝针织服装生产基地。嵊州中国领带城是全球最大的领带专业批发市场和全国十大专业市场之一，占地面积3.5万平方米，日销售领带30万条。全市共有领带企业1900多家，从业人员5万多人，年产领带近3亿条，占全国的90%，世界的40%，被浙江省政府命名为"21世纪国际性领带都市"。2002年，嵊州还建成世界领带精品展销中心，并在香港地区创办了内地首家在港投资发展的专业市场——香港中国领带城，为进一步拓展国际市场、构筑国际领带都市迈出了新的步伐，一个世界领带制造业基地正在嵊州崛起。

第四节　丝绸文化与城市精神的契合

苏州作为丝绸文化的代表城市，当之无愧。2013年5月，苏州市委第56次常委会确定了最新的"苏州精神"——崇文睿智，开放包容，争先创优，和谐致远。简洁明了、内涵丰富的16个字，体现了苏州文化与城市精神的继承性、群众性和时代性。它凝聚着全市上下的精气神，将鼓舞1000多万新老苏州人为谱写"中国梦"的苏州篇章而不懈奋斗，积极进取。

1. 崇文睿智

传承了吴地文化的精神品格，展现了新时期苏州以学习和智慧推动城市转型升级、科学发展的本质要求。崇文：苏州作为全国首批24个历史文化名城之一，是名副其实的人文荟萃之地。自唐至清1300年间，全国共出文状元596名，其中苏州一地就占了45名。流风所及,延绵至今,在重文风气的熏陶下,现代苏州已涌现了百余名两院院士,最终形成了苏州特有的"状元群""院士群",这些都极大地促进了苏州尚文崇教乡风民俗的养成。

苏州的丝绸教育至今仍处于全国领先的地位。苏州大学、苏州职业大学丝绸应用技术研究所、苏州经贸职业技术学院、苏州丝绸中等专业学校、苏州工艺美术职业技术学院、苏州丝绸博物馆等,尤其是苏州大学"现代丝绸国家工程实验室""国家丝绸与服装产品质量监督检测中心"这两个国家级的丝绸科研和检测机构均坐落于苏州市。苏州在各个丝绸产业领域仍然拥有着一批专家、学者、工程技术人员等领军人物,形成了苏州市乃至江苏省丝绸科研与人才方面的很大优势。

2. 开放包容

反映了苏州开放借鉴、兼容并蓄的精神气质,反映了新时期苏州以开放姿态和海纳百川胸怀博采众长、融合发展的鲜明特色。

3. 争先创优

揭示了苏州百尺竿头、更进一步的精神动力,显示了新时期苏州勇立潮头争创一流的价值追求。苏州改革开放几十年来的巨大变化,堪称奇迹。而创造奇迹的根本原因,就是苏州人民在改革开放的进程中,敢于植根于现实,踏出一条条符合当地实际、大发展大变革的创新之路。改革开放初期,苏州凭一股"四千四万"①精神,叩开了工业时代的大门;经济国际化阶段,苏州摸索出了一条依靠外向型经济发展的新路;在全面推进"两个率先"②的进程中,苏州在生动实践"三创"③精神的同时,创造了"张家港精神""昆山之路""园区经验"三大

---

① "四千四万"即走千山万水、访千家万户、道千言万语、吃千辛万苦。
② "两个率先"即率先全面建成小康社会,率先基本实现现代化。
③ "三创"即创业、创新、创优。

法宝。苏州在与时俱进中不断赋予创新以新的内涵,使苏州发展保持了强大的生命力。

苏州市丝绸行业的科研、产学研合作也成为城市争先创优的范例:2011年11月苏州大学艺术学院的"分散染料网印免蒸洗技术"项目通过技术鉴定;2013年苏州江枫丝绸公司的"活性直喷数字印花技术产品在苏州精品丝绸上的开发营销"项目以及苏州天翱特种织造公司的"超万针数码提花真丝绸锦精细化技术与市场化应用"项目验收完成。2014年苏州大学与鑫源集团、兴化大地蓝绢纺等单位完成的科研成果"丝胶回收与综合利用关键技术及产业化"项目获得国家科学技术进步二等奖。

4. 和谐致远

体现了苏州建设和谐幸福美丽新家园的精神追求。突出了新时期苏州在人与自然和谐、人与社会和谐以及人与人和谐中迈向更高境界的目标愿景。融合是指博采众长、协调发展。苏州所要宣示的是开放与包容并存的理念以及和谐的发展追求。同时,融合还体现了继承和创造,既把苏州人2500年儒学思想、人文特色充分地展现出来,又体现了一种动态追求,借鉴吸收一切先进文化所创造的有益成果,并在继承和吸纳的基础上,不断开拓、发扬光大。

第九章
丝绸文化的重振

公元300年左右，我国的蚕桑养殖技术传播到日本。到公元522年为止，拜占庭帝国成功获得桑蚕卵，并开始桑蚕的养殖。与此同时，阿拉伯人也开始生产丝绸。由于世界养蚕业的发展，虽然中国仍然在奢侈品丝绸市场上保持着优势，但丝绸出口变得越来越不重要了。十字军东征把丝绸产品带到了西欧，特别是许多意大利国家，这些国家把出口丝绸到欧洲其他地方看作一种经济的繁荣。这时的中世纪，制造技术的变革也开始发生，例如首次出现了纺车之类的设备。16世纪，虽然其他大部分国家发展他们自己丝绸工业的努力并没有成功，但法国加入了蚕桑丝织行业，并成功发展了丝绸贸易。开始于18世纪60年代的工业革命改变了欧洲丝绸工业的面貌，由于棉纺技术的创新，棉织产品变得越来越便宜，因此相比来说昂贵的丝绸产品不再成为人们衣料的主要来源。然而，这些新的纺织技术也提高了丝绸产品的生产效率，用于丝绸绣花技术的雅卡尔织机（或称提花机）就是在当时发明的。后来，几种桑蚕疾病的流行导致丝绸产品的下滑，特别在法国，丝绸工业再也没有恢复原先的规模。20世纪，中国和日本在丝绸产品方面重新获得了早期的地位，现在的中国再一次成为世界上最大的丝绸生产国。新织物如尼龙的兴起削弱了丝绸在整个世界的流行,而现在丝绸再一次成了服装、装饰的稀有奢侈品,但比最兴盛时期的产量要少得多。

第一节 丝绸之路的古今辉煌

一、三条丝绸之路

人们谈到丝绸,就会联想到丝绸之路,丝绸之路通过世界贸易的交流,见证了一个大国的崛起。丝绸之路的概念是德国地理学家李希霍芬提出的,用于描述公元前后东西方文化交流中最为繁荣的一条通道。由于在此道上交易的大宗贸易产品是丝绸,故称之为丝绸之路。一般在人们心中理解的丝绸之路至少有三条,即沙漠—绿洲丝绸之路、草原丝绸之路、海上丝绸之路。此外还有西南丝绸之路、东亚丝绸之路等多种说法。

(1)沙漠—绿洲丝绸之路又称西域丝绸之路,即李希霍芬所指。该丝绸之路是沟通古代中西方政治、经济、文化和思想的一条大动脉,全长7000多公里,在我国境内经过陕西、宁夏、甘肃、青海和新疆5个省区。其东起汉唐都城西安,经河西走廊到敦煌。南路由敦煌经楼兰、于阗抵达波斯(今伊朗)、条支(今伊拉克)、大秦(罗马帝国)。北路从敦煌经交河、龟兹到大宛(今乌兹别克斯坦)。汉武帝时,张骞两次由该丝绸之路出使西域。

沙漠—绿洲丝绸之路延续千余年,沿线文物遗存多,是北方丝路的主干道,分东、中、西三段。东段自长安至敦煌,较之中西段相对稳定,但洛阳、长安以西又分三线:

①北线由长安(东汉时往东延伸至洛阳)沿渭河至虢县(今宝鸡),过汧县(今陇县),越六盘山固原和海原,沿祖厉河,在靖远渡黄

河至姑臧(今武威)。此线路程较短,沿途供给条件差,是早期的路线。

② 南线由长安(东汉时由洛阳)沿渭河过陇关、上邽(今天水)、狄道(今临洮)、枹罕(今河州),由永靖渡黄河,穿西宁,越大斗拔谷(今扁都口)至张掖。

③ 中线与南线在上邽分道,过陇山,至金城郡(今兰州),渡黄河,溯庄浪河,翻乌鞘岭至姑臧。南线补给条件虽好,但绕道较长,因此中线后来成为主要干线。

(2) 草原丝绸之路是一条由古代草原游牧民族开辟较早的辉煌历史通道。东起蒙古高原元上都,翻越天堑阿尔泰山,再经过准格尔盆地到哈萨克丘陵,或直接由巴拉巴草原到黑海低地至匈牙利。公元前5世纪前后,中国丝绸通过草原丝绸之路传至欧洲。草原丝绸之路在沟通东西和南北经济、文化交流中所起的作用,比其他丝绸之路显得更加重要和优越。

(3) 海上丝绸之路(陶瓷之路)是古代中国与外国交通贸易和文化交往的海上通道。该路主要以南海为中心,起点主要是泉州[①]、广州,所以又称南海丝绸之路。海上丝绸之路形成于秦汉时期,发展于三国隋朝时期,繁荣于唐宋时期,转变于明清时期,是已知的最为古老的海上航线。在陆上丝绸之路之前,已有了海上丝绸之路。海上丝绸之路是古代海道交通的大动脉。自汉朝开始,中国与马来半岛就已有接触,尤其是唐代之后,来往更加密切。作为往来的途径,最方便的当然是航海,而中西贸易也利用此航道做交易之道,这就是我们所称的海上丝绸之路。海上通道在隋唐时运送的主要大宗货物是丝绸,到了宋元时期,瓷器渐渐成为主要的出口货物,因此,人们也把它叫作"海上陶瓷之路"。同时,还由于运输的商品历来主要是香料,因此也把它

---

① 泉州为联合国教科文组织唯一认定的海上丝绸之路起点。

称作"海上香料之路"。

海上丝绸之路是由当时东西洋间一系列港口网点组成的国际贸易网,其形成的主要原因是中国南方沿海山多平原少,且内部往来不易,地方诸侯需通过海外资源交易以维持统治,而东南沿海可以借助夏冬季风助航,更增加了海路的方便性,因此古代中国沿海很多地方都有此项交流,最早可追溯至汉代。

唐中后期,陆上丝绸之路因战乱受阻,加之同时期中国经济重心已转到南方,而海路又远比陆路运量大,成本低,安全度高,海路便取代陆路成为中外贸易主通道。特别是宋朝科技高度发展,指南针和水密封舱等航海技术的发明和之前牵星术、地文潮流等航海知识的积累,加上阿拉伯世界对海洋贸易的热忱,使海上丝绸之路达到空前繁盛。

明朝实施海禁,海上丝绸之路日渐衰落。海禁迫使民间海外贸易转型为走私性质的私商贸易。民间海外贸易的需求张力和朝廷政策的矛盾冲突始终贯穿明清两朝。明清仅有几次有限度开禁都是被动的权宜之策。无政治武装支持的中国海商无力挑战大航海后政治军事商业合一的西方扩张势力,海禁导致中国退出海洋竞争,是近代中国积贫积弱落后的关键原因之一。从贸易对象、内涵、性质上看,明清时期中西方的贸易和以往的海上丝绸之路已属不同范畴。

二、丝绸之路的商贸文化价值

张骞通西域后,中国内地的绫罗绸缎源源不断地涌向西域,古楼兰、尼雅遗址中出土的精美丝织品,就是这一时期丝绸贸易繁盛的见证。随着丝路的畅通,东西方互相增进了解,西方商人知道丝绸的真正故乡在更远的东方,"丝国"这一称号才演变为中国的称呼。朝廷指定官员用黄金和丝绸与西域交换马、骡、骆驼、兽皮、毛织物、宝石、玉

璧、珊瑚、琉璃、药剂、香料等物资。中国输出以丝绸为主,其次是瓷器、铁器、金银、药材,尤其以丝绸、瓷器最受欢迎。据西方学者估算,汉代贸易盛期,每年通过丝路的中外贸易总额大概相当于100万英镑。丝绸之路促进了沿途城市的发展和经济的繁荣。同时建立了驿馆制度、过所制度(海关出入),运输业、宗教传播、艺术交流等各领域也日益繁荣。

1. 丝绸之路上的物质文化

首先,就是丝绸的外传。丝绸的传播推动了东南亚地区一些民族文明程度的进步,促进了部分地区和国家纺织业的发展。其次,中国的食品、香料、药材以及部分器物传向西方。汉朝初通西域,中国即有丝绸、漆器和铁器等输出;唐朝时,瓷器和茶叶成为重要的输出品。此外,如黄连、肉桂、生姜、土茯苓等药材,以及无患子、桑树、马鞍、铜合金等,在不同时期以各种途径西传。

同时,西方一些物产和珍禽异兽传入中国。张骞出使西域,带回一些中原没有的物种,其中以葡萄、苜蓿最为有名,此外还有石榴、黄蓝等。当时还出现了许多带有"胡"字的农作物,如胡麻、胡桃、胡豆、胡瓜、胡蒜等,都是从西域输入的。从西域传来的香料也很多,如印度的胡椒、姜,阿拉伯的乳香,索马里的芦荟,苏合香、安息香,北非的迷迭香,东非的紫檀等。此外,玉米、占城稻、花生、向日葵等农作物传入中原,丰富了农作物的品种,并在不同程度上影响了华夏民族的饮食结构。另外,大批珍禽异兽从西域和中亚输入中国,促进了中国畜牧业的发展和牲畜品种的改良,比如汗血马、狮子、孔雀、大象等。

2. 丝绸之路上的精神文化

首先是中国文化的西传。丝绸之路向外传播的不仅仅是丝绸,还把我国当时一些先进的科学技术一并西传。作为中国古代文明的重要标志的四大发明——指南针、造纸术、火药、活字印刷术,就是通过丝绸之路传向世界各地的。四大发明的西传对整个人类社会,特别是对西方文明的发展起了重要的促进作用,尤其是造纸术、印刷术的传播,促进了西方国家教育的普及化,对当时欧洲的宗教、政治,以至资本主义的建立、思想文化的交流及传播都产生深远的影响,进而为西方的启蒙运动以及科技的发展和文明的传播奠定了物质基础。总而言之,四大发明的广泛传播最显著的意义莫过于对世界文明的发展、人类社会的进步、近现代文明的出现及发展的奠基作用,加快了世界文明的发展进程,使西方许多国家在短时间内完成了向近代文明的跨越。

丝绸之路还为中亚、欧洲等地区带去了中国先进的冶铁技术,为中亚带去了先进的水利灌溉技术。此外,古代中国的医学素来发达,公元8世纪时,诊脉、炼丹术等中国医术就传到了阿拉伯地区,促使东西方医学融会贯通,进一步促进了近代医学的发展。

其次是外域文化的东渐。外域文化主要是指来自西方的宗教和艺术。宗教蕴藏着丰富的内容,特别是佛教的东来,给中原的固有文化以很大的冲击。佛教对于中国文化和中国人精神层面有着广泛而深刻的影响。丝绸之路带给中国的还有祆教、景教和摩尼教。西域艺术传入中国,大大丰富了中国的传统艺术,不论是在艺术种类、艺术形式还是在艺术思想方面,西域艺术对中原文化都有所影响。西来的艺术文化与中国固有的艺术相结合,形成了独具特色的艺术形式与文化内涵,主要体现在以下几个方面:① 音乐与舞蹈。"舞四夷之乐"始于张骞通西域。西域音乐传入中国,主要有乐曲、乐器、音乐家等多种方式。各种琵琶如曲项琵琶、五弦琵琶等乐器在4世纪传入中国。同时,西域舞蹈开始进入中国,如胡旋舞和胡腾舞在唐代名噪一时。② 服装。隋唐宫廷盛行西域风格的服装,如尖顶番帽、小袖胡衫、宝带和锦靴等,甚至唐朝军队的锁子甲也源于西域。③ 百戏。百戏就是各种杂技的总称。西方杂技传入中国的时间大致在汉代,"奇戏岁增变,甚盛益兴,自此始"。④ 绘画。西域绘画技法的传入,促成中国绘画进入一个新的时期。佛教的石窟、造像、壁画等,都是充分反映中西文化交流的艺术结晶,敦煌、云冈、龙门等石窟所表现的佛教艺术都具有外来文化艺术的风格。这些艺术主要源于印度的佛教艺术,同时也有古希腊、古罗马艺术的影响。

古代丝绸之路的开辟促成了中国与世界的交流,通过交流,大大促进了世界各国的社会经济、政治发展,丰富了各个国家的物质文化生活与精神文化生活。那些由于政治因素所导致的暂时性关闭与切断是不能阻止文化传播与交流的,而更重要的是丝绸之路上的交流是对人类进步和世界文明的伟大贡献,也为近现代社会的文明与发展奠定了基础,在中外文化史上有着里程碑式的意义。

三、丝绸之路申报世界文化遗产

丝绸之路是涉及地域最广、时间跨度最大的文化线路。2014年,我国与哈萨克斯坦、吉尔吉斯斯坦三国联合申报的"丝绸之路:起始段和天山廊道的路网"成功入选《世界遗产名录》。我国公布的22处丝绸之路遗产点包括河南省4处(汉魏洛阳城遗址、隋唐洛阳城定鼎门遗址、新安函谷关遗址,崤函古道石壕段遗址)、陕西省7处(汉长安城未央宫遗址、张骞墓、唐长安城大明宫遗址、大雁塔、小雁塔、兴教寺塔、彬县大佛寺石窟)、甘肃省5处(玉门关遗址、悬泉置遗址、麦积山石窟、炳灵寺石窟、锁阳城遗址)、新疆维吾尔自治区6处(高昌故城、交河故城、克孜尔尕哈烽燧、克孜尔石窟、苏巴什佛寺遗址、北庭故城遗址)。

海上丝绸之路持续时间2000多年,范围覆盖大半个地球,是人类历史活动和东西方文化经济交流的重要载体,其特点是起点多、航线多,且在不同历史年代具有不同的地位和作用。1992年,泉州开始筹划申遗,2001年上报国家文物局。2003年,国家文物局同意广州等地递交的捆绑申遗方案。2006年12月,泉州、宁波、广州三城列入世界文化遗产预备名单。自此至2012年11月,联合申报城市数扩增至9座城市,并再次被列入世界文化遗产预备名单。截至2014年,海上丝绸之路申遗共计9座城市、50个遗产点。根据申遗日程,2015年完成准备工作,2016年正式送交世遗大会审议。海上丝绸之路申遗的城市包括泉州、广州、宁波、扬州、北海、漳州、福州、南京、蓬莱。

四、"一带一路"

2013年9月7日,习近平在哈萨克斯坦首提共同建设"丝绸之路经济带";一个月后,习近平在印度尼西亚首提"21世纪海上丝绸之路"。"一带一路"即二者合称。

1. 丝绸之路经济带

2013年9月6日,国家主席习近平抵达哈萨克斯坦首都阿斯塔纳,开始对哈萨克斯坦进行国事访问。习近平在哈萨克斯坦纳扎尔巴耶夫大学发表题为"弘扬人民友谊,共创美好未来"的重要演讲,盛赞中哈传统友谊,全面阐述中国对中亚国家睦邻友好合作政策,倡议用创新的合作模式,共同建设"丝绸之路经济带",将其作为一项造福沿途各国人民的大事业。中央提出建设丝绸之路经济带的战略构想,开启了"丝绸之路"在新型国际经济发展架构中的新篇章,为促进以丝绸文化为纽带的国际文化交流、经贸合作描绘了美好的发展前景。

2. 21世纪海上丝绸之路

21世纪"海上丝绸之路",是2013年10月习近平访问东盟时提出的战略构想。中国海上丝绸之路自秦汉时期开通以来,一直是沟通东西方经济文化交流的重要桥梁,而东南亚地区自古就是海上丝绸之路的重要枢纽和组成部分。习近平基于历史,着眼于中国与东盟建立战略伙伴十周年这一新的历史起点,为进一步深化中国与东盟的合作,构建更加紧密的命运共同体,为双方乃至本地区人民的福祉而提出21世纪"海上丝绸之路"的战略构想。同时,21世纪"海上丝绸之路"是中国在世界格局发生复杂变化的当前,主动创造合作、和平、和谐的对外合作环境的有力手段,为中国全面深化改革创造良好的机遇和外部环境。

"一带一路"倡议目标是包括欧亚大陆在内的世界各国,建立一个政治互信、经济融合、文化包容的利益共同体、命运共同体和责任共同体,"一带一路"有利于中国与丝路沿途国家分享优质产能,共商项目投资,共建基础设施,共享合作成果,内容包括道路联通、贸易畅通、货币流通、政策沟通、人心相通等"五通",肩负着三大使命:

① 探寻经济增长之道。

"一带一路"是在后金融危机时代,作为世界经济增长火车头的中国,将自身的产能优势、技术与资金优势、经验与模式优势转化为市场与合作优势,实行全方位开放的一大创新。通过"一带一路"建设共同分享中国改革发展红利、中国发展的经验和教训。中国将着力推动沿线国家间实现合作与对话,建立更加平等均衡的新型全球发展伙伴关系,夯实世界经济长期稳定发展的基础。

② 实现全球化再平衡。

传统全球化由海而起,由海而生,沿海地区、海洋国家先发展起来,陆上国家、内地则较落后,形成巨大的贫富差距。传统全球化由欧洲开辟,由美国发扬光大,形成国际秩序的"西方中心论",导致东方从属于西方,农村从属于城市,陆地从属于海洋等一系列不平衡不合理效应。如今,"一带一路"正在推动全球再平衡。"一带一路"鼓励向西开放,带动西部开发以及中亚、蒙古等内陆国家和地区的开发,在国际社会推行全球化的包容性发展理念;同时,"一带一路"是中国主动向西推广中国优质产能和比较优势产业,将使沿途、沿岸国家首先获益,也改变了历史上中亚等丝绸之路沿途地带只是作为东西方贸易、文化交流的过道而成为发展"洼地"的面貌。这就超越了欧洲人所开创的全球化造成的贫富差距、地区发展不平衡,推动建立持久和平、普遍安全、共同繁荣的和谐世界。

③ 开创地区新型合作关系。

中国改革开放是当今世界最大的创新,"一带一路"作为全方位对外开放战略,正在以经济走廊理论、经济带理论、21世纪的国际合作理论等创新经济发展理论、区域合作理论、全球化理论影响国际合作关系。"一带一路"强调共商、共建、共享原则,超越了马歇尔计划、对外援助以及走出去战略,给21世纪的国际合作带来新的理念。

比如,"经济带"概念就是对地区经济合作模式的创新,其中经济走廊——中俄蒙经济走廊、新亚欧大陆桥、中国—中亚经济走廊、孟中印缅经济走廊、中国—中南半岛经济走廊等,以经济增长辐射周边,超越了传统发展经济学理论。

"丝绸之路经济带"概念,不同于历史上所出现的各类"经济区"与"经济联盟",同以上两者相比,经济带具有灵活性高、适用性广以及可操作性强等特点,各国都是平等的参与者,本着自愿参与、协同推进的原则,发扬古丝绸之路兼容并包的精神。

第二节 中国梦与丝绸梦

一、中国梦

1. 概念

2012年11月29日,在国家博物馆,中共中央总书记习近平在参观"复兴之路"展览时,第一次阐释了"中国梦"的概念。他说:"大家

都在讨论中国梦,我以为,实现中华民族伟大复兴,就是中华民族近代以来最伟大的梦想"。①他称,到中国共产党成立100年时全面建成小康社会的目标一定能实现,到新中国成立100年时建成富强民主文明和谐的社会主义现代化国家的目标一定能实现,中华民族伟大复兴的梦想一定能实现。

2013年3月17日,中国新任国家主席习近平在十二届全国人大第一次会议闭幕会上,向全国人大代表发表自己的就任宣言。据有关媒体报道,在将近25分钟的讲话中,习近平9次提及"中国梦",有关"中国梦"的论述更一度被掌声打断。

2. 动力

"中国梦"的主要动力有三大来源:第一,追求经济腾飞,生活改善,物质进步,环境提升;第二,追求公平正义,民主法制,公民成长,文化繁荣,教育进步,科技创新;第三,追求富国强兵,民族尊严,主权完整,国家统一,世界和平。

3. 特点

中国梦的最大特点,就是把国家、民族和个人作为一个命运共同体,把国家利益、民族利益和每个人的具体利益紧紧联系在一起。所以"中国梦是国家的梦、民族的梦,也是每个中国人的梦","国家好,民族好,大家才会好","人民对美好生活的向往,就是我们的奋斗目标","中国梦的出发点与落脚点是人民"。以上理念充分体现了以人为本、执政为民的根本价值。

4. 内涵

"中国梦"的内涵是实现国家富强、民族复兴、人民幸福、社会和谐。

---

① 中共中央宣传部.习近平总书记系列讲话重要读本.北京:人民出版社,2014:25.

5. 目的

"中国梦"的目的是加强政策沟通、加强道路联通、加强贸易畅通、加强货币流通、加强民心相通。

二、丝绸梦

据统计,到2014年,我国蚕茧产量达64万吨,蚕茧全年综合均价每担1806元;丝产量达16.73万吨,烘茧和丝绸印染等领域的总体耗水耗能降低,丝绸工业年产值2500亿元;真丝绸年出口创汇30亿至35亿美元,初步实现"丝绸大国"向"丝绸强国"转变的目标。

1. 从丝绸大国到丝绸强国之路

产量决定主导地位:2012年,我国桑蚕茧产量和生丝产量分别占世界总产量的85%和75%以上,蚕丝和丝织物出口量分别占国际市场贸易量的90%和60%左右。我国仍然是全球最大的丝绸供应国,对国际茧丝市场行情的主导地位不断增强。目前,我国生丝和真丝绸缎出口继续稳居世界首位,占全球贸易额的比重分别达90%和70%。另一方面,世界经济增速减缓,全球贸易萎缩,贸易保护主义抬头,丝绸商品扩大出口的难度加大。与此同时,来自周边国家,如印度、泰国、越南丝绸市场的竞争日益加剧。此外,人民币面临较大升值压力,这将进一步削弱国内茧丝绸产品出口价格传统优势。尽管中国的丝绸产品出口量大,但换汇水平却仅为韩国的1/2、日本的1/4、意大利的1/13。

产品多元化:除传统衣着类产品外,丝绸饰品、丝绸家纺、丝绸礼品等多元化产品不断涌现。

制定行业标准:2009年9月,中国正式向ISO纺织品国际化组织提出制定《生丝电子检测试验方法》国际标准提案和标准草案项目,经24个成员国历经三个月的投票,高票通过。标志着我国丝绸行业第一

项国际标准制定的启动。这代表了世界生丝检测的标准和发展方向，对促进生丝品质提高，对我国生丝及绸缎产品的国际竞争力的提升，及全行业的产业结构调整、产品转型升级具有深远意义。

2. 丝绸产品的高端发展之路

虽然我国是世界上最大的真丝绸商品生产国和供应国，但在创意、品牌成为产品核心价值的今日，爱马仕等西方奢侈品牌的丝绸制品风靡全球，中国出口的丝绸商品或沦为大路货，或以贴牌加工的形式为西方奢侈品生产打工。世界知名品牌的丝巾可以卖到3000元、5000元一条，而我们的丝巾才卖300元、500元一条。我国的丝绸产品仍处于全球价值链的低端。究其原因，主要在于中国丝绸深厚的文化底蕴与品牌建设结合不强，产品设计创意能力较弱，传统文化要素与流行时尚融合度不高。

3. 丝绸文化的繁荣之路

为宣传中国丝绸文化，提升中国丝绸产品附加值，2011年国家茧丝绸协调办公室启动了"中国丝绸整体宣传项目"。2012年12月20日至2013年2月15日，中国丝绸30秒公益广告《锦绣中华》在有"世界十字街头"之称的美国纽约时代广场中国屏上全天候滚动播放1200次，期间跨越东西方四大节日——圣诞节、元旦、春节、情人节，约计1200万人次收看了该片。同时，《锦绣中华》3分30秒完整版公益宣传片也在美国和中国香港、澳门等国家和地区有代表性的卫星电视台播出，对提升中国丝绸整体形象起到了积极的推动作用。2013年12月30日起，由国家茧丝绸协调办公室策划、五洲畅想国际传媒制作的中国丝绸公益形象片《锦绣中华》在北京天安门广场大屏幕滚动播放。同时，中国驻欧洲各国使领馆及高端公共场所同期播放《锦绣中华》外宣版公益宣传片。《锦绣中华》公益形象片时长3分钟，画面恢宏大气，内容典雅唯美，如同一幅徐徐展开的丝绸卷轴，将中国丝绸的文化之美、工艺之美、时尚之美逐一呈现,在重温中华民族源远流长的丝绸历史文化的同时,向世人勾勒出"丝绸之路经济带"与"海上丝绸之路"建设的美好愿景。

近年来,苏州大学在纺织、蚕桑、丝绸领域加强政、产、学、研、用相结合的协同创新,与全国各地的企业紧密合作,共同开展行业共性关键技术的研究与开发,承担各类产学研合作项目120多项。为配合国家实施的"东桑西移"产业结构调整战略,苏州大学加强了与广西、四川等地政府的密切联系,已在四川南充建立了现代丝绸国家工程实验室南充研究中心,在广西建设现代丝绸国家工程实验室广西工作站等,为当地栽桑养蚕、丝绸工业的发展提供了技术支持,为促进我国纺织工业科技进步,为实现我国由纺织工业大国向纺织工业强国转变做出了重要贡献。

第三节 丝绸工业重振的方向和路径

丝绸工业隶属纺织工业,其与纺织工业联系紧密又有所不同。本节将从纺织业的产业升级、丝绸工业的发展方向及实施路径三个方面进行阐述。

一、产业升级

纺织业是个古老的行业,早期多采用手工作坊的生产方式。从第一次工业革命开始,纺织业率先进入工业化生产,是当时社会先进生产力的代表行业。从一个国家的产业发展规律来看,先是以农业经济为主导,然后是以纺织为代表的轻工业化阶段,接下来进入以化工、钢铁、机械等为代表的重工业阶段,最后进入信息化阶段。从这个发展脉络可以看出,纺织业仅仅比农业高一档次。

第九章 丝绸文化的重振

从第一次工业革命到现在,纺织业经历了四次大的产业转移:

第一次,是18世纪60年代从东方转移到以英国为代表的西方国家。这个阶段纺织业是英国人的天下,自第一次工业革命以来,直到1914年之前,英国出口的纺织品占全球的70%以上,如1907年,英国出口的棉纺织品占据了英国纺织品总产量的90%。

第二次,是从英国转移到日本。从1914年到1930年,不到20年时间里,日本纺织业飞快超越了英国,到1940年以前,日本的棉制品在全球出口市场占据39%,而英国下降到27%。

第三次,是20世纪60年代从日本向以"亚洲四小龙"为代表的新型工业体转移。伴随着日本制造业工资于1965—1973年间的高速增长,日本纺织业江河日下,纺织业重心向"亚洲四小龙"转移。

第四次,是20世纪80年代,纺织业开始向中国、印度、巴基斯坦等国转移。韩国制造业工资在20世纪80年代大幅增长,纺织业竞争力率先下降。

可以预见,第五次转移,应该是中国向东南亚其他国家的产业转移。

我国目前的纺织业态势,与美国和日本60年代、韩国80年代的产业态势非常相似,开始进入产业转型时期。随着我国劳动力成本的快速大幅提升,纺织业制造转移到其他更低成本国家是迟早的事情。面对产业转移大趋势,纺织企业只有顺势而为,进行战略转型,否则必将被淘汰出局。

二、发展方向

丝绸企业作为传统纺织企业面临转型升级,无外乎"科技化、时尚化、多元化"这"三化",不同的企业需要根据自身特点和资源选择合适的战略。

第一,科技化,即成为研发型企业。目前,一些美国、日本等纺织业的研发、生产已经不是传统意义上满足人们衣着的普通产品,而是将研发成果迅速用于航天、军事和工业用途,尤其在新材料的开发领域远远领先于我国。比如,东洋纺等企业,其创业至今已有120多年历史,已经从最初的纺织公司蜕变成为如今的高智能产品厂家,按照技术群类别以汽车、电子情报显示、环境、生活、安全、生命科学等事业部进行职能划分。

第二,时尚化,即成为品牌服装企业。纺织向下游品牌服装转型,典型的例子就是意大利男装品牌 Ermenegildo Zegna(杰尼亚)和 Cerruti 1881(切瑞蒂)。这两家公司都是全球顶尖的面料企业,均以面料起家逐步开始生产男装,目前这两个品牌均已成为世界著名的男装品牌。还有一类企业自始至终都没有开发自己的服装系列,一直专注于面料的研发,然而他们通过资本运作使得旗下拥有世界顶级品牌。如意大利 Marzoni(玛佐尼)每年推出200多种面料,后来收购了意大利 Valentino(华伦天奴)、德国 Hugo Boss 等休闲男装企业,成为世界知名的品牌服饰巨头,与 Gucci(古驰)集团、LVMH(酩悦·轩尼诗-路易·威登)集团并称为世界三大时尚集团。

第三,多元化,即成为多元化企业集团。这类企业中最著名的就是伯克希尔哈撒韦公司,原名伯克希尔棉纺织厂,沃伦·巴菲特将其收购后意识到棉纺织产品无法与外国人竞争,于1969年逐步撤出了这种前景黯淡的生产业务,改造为一家专业投资公司,并发展到今天持有最昂贵的股票的投资公司。

三、实施路径

我国茧丝绸行业发展迅速,制约行业发展的矛盾和问题仍层出不穷:蚕茧农业基础仍不牢固,丝绸工业生产关键技术和装备研发有待提升,丝绸品牌发展相对滞后,对国内丝绸市场和国际新兴出口市场的开拓不足,抵御国内外市场风险的能力较弱,市场运行调控的能力和水平有待提高等。制造型企业转型的巨大障碍是路径依赖,"不转是等死,转型是找死"。纺织业属于工业,而品牌服装更多的是带有商业性质,二者在核心能力、企业文化、管理系统、人才构成等方面差异性很大,纺织企业向品牌拓展并不具有太多的优势。在扮演了多年的"世界工厂"的角色后,纺织制造企业普遍形成了僵化的"制造情结",对"制造情结"的路径依赖抑制了企业向品牌商转型的进程。若能克服以下路径依赖,转型才能成功:① 机会依赖,重视把握眼下机会,忽视长远战略规划;② 产品依赖,生产产品能力强,营销能力弱;③ 实物资产依赖,重视实物资产,轻视无形资产,销售费用、研发费用的投入较为保守;④ 生产管理路径依赖,工厂管理能力强,公司管理能力弱;⑤ 产业配套思维依赖,接单生产,产业配套,缺乏产业整合者的思维和能力。对这些路径的依赖,导致了纺织制造企业战略转型的缓慢和滞后。把视野拓展到制造思维之外,从产业、资本、战略的高度去思考,是我国纺织企业战略转型能否成功的重要挑战因素。

第四节　丝绸文化产业重振的方向和路径

随着经济全球化的发展和科学技术进步的日新月异,文化在全球竞争中的作用日益突出。美国哈佛大学教授约瑟夫·奈认为,综合国力是一个主权国家赖以生存和发展的实际存在的综合实力,它既包括一个国家所拥有的全部实力,又反映一个国家政治、经济、军事、资源、教育、科技、文化等各个方面相互作用的状况。简而言之,一个国家的综合实力,既包括经济、军事、资源等表现出的"硬实力",也包括文化、科技组成的"软实力"。只有两者都具备的国家,才能在国际舞台上显示出强大的竞争力。文化虽然在综合国力中不具有形性和硬件性,但具有可被人们直接感知的特点,它渗透到各个领域,成为国家实力不可或缺的组成部分。文化体现了一个国家精神文明的状况和建设成果,包含了推动经济和社会发展的精神力量与智力因素;文化体现了智慧、创造和财富,可以说文化就是生产力。

一、方向

1. 确立丝绸文化在文化产业中的特殊地位和作用

丝绸文化作为中国传统文化的重要组成部分有着特殊的地位。首先它源远流长,历经千年而不衰,体现了中华文化重视传统、尊重先祖的优良传统。丝绸文化摆脱了社会变革的纠缠,将人民群众追求真善美的良好愿望世代相承。丝绸文化有一种活化石的功效,是一部记录了人类发展、社会进步的活历史,对于中华民族认同感的提升,有着不可替代性。

2. 协助提升城市文化品牌建设

众多城市的兴盛,由于丝绸的标签而历久弥新,"上有天堂,下有苏杭"的美誉,使得人们对于因丝绸而兴盛的苏州和杭州等城市,寄托了众多的厚望。能够通过如此复杂的工艺,演绎出绚丽色彩的产品,人们对这些城市不仅是崇拜,更多的是相信其能够为人们的生活提供更美好的前景。提升城市文化品牌,首先是促进城市的旅游等相关产业发展。旅游业涉及29个部门,108个行业,关联性、带动性、包容性极强,对陶冶人们的情趣、提高人们的审美水平、促进人们的全面发展大有益处。

当人们纷至沓来之时,整个城市就纳为一体,城市风貌、城市建设、城市规划、产业布局、城市定位等,都会提上一个统一考虑的日程。城市的发展带动了城市品牌、城市形象的提升,进而需要城市文化的

支撑。城市文化的形成需要挖掘本土品牌,并注入时代发展的新内涵,从而适应整个城市文化品牌提升的新要求。此时,具有悠久历史而又被广大群众普遍认可的文化就得到了凸显。

3. 高雅文化与大众文化协调同步

高雅文化与大众文化是相对应的,也是比较而言的。高雅文化也称精英文化,承担着社会教化功能,力图用文化价值去影响他人,教化社会。高雅文化具有底蕴深厚、人文内涵丰富、格调高雅等特点。大众文化产生于现代工业社会,是通过大众传媒的传播,适合社会大多数人的欣赏口味并为他们所接收和欣赏的文化。大众文化包括社会上流行的广告、流行歌曲、电视、娱乐电影、通俗文学、时装发型、网络文化等。大众文化在生产和流通过程中存在一个铁律,就是价值规律、商品逻辑和主体利益最大化,它向来不接受一个无销路的好东西。

高雅文化与大众文化结合起来,才能促进文化产业的发展。丝绸以及丝绸工艺,若不注意产品与文化的联姻,不注意文化品牌,为了眼前的经济利益而置艺术、质量不顾,就不会长远。如有些绣工,借"苏绣"之名,抄袭名品、精品,在绣制过程中偷工减料、快速完成、低价促销,这种低劣的绣品不仅有损刺绣大师的名誉,而且大大损害了苏绣在整个刺绣行业中的声誉。丝绸产品如果沦落到小贩在景点的叫卖,产品形象和企业形象都会大打折扣。

二、路径

1. 优化产业结构

文化产业本身正在发生深刻的变革,文化产业中传统的旅游业、新闻出版业、影视影像业、演艺业、广告业仍然为主体,但是创意设计业、信息服务业、网络文化业等数字化产业正在兴起。丝绸以工业为主体,同样面临着产业转型,最为直接的转型是要积极向工业旅游业延伸。会展业也是新型服务业,要整合地区已有的丝绸工业基础,拓展会展业,向全国全世界展示集体文化产业品牌。也有企业在探索利用网络进行丝绸服装的计算机绘图、量身定做、效果试穿等数字化的服务。

2. 参与区域文化一体化建设

文化产业是典型的城市产业,每个城市的文化市场不可能完全支撑起自身的文化产业,区域内城市应该在文化产业功能方面相互认同、服务对接、资源相互利用、政策相互支持。城市之间要坦诚合作,破除文化产业行政区划的界限,按照市场法则统一配置资源,形成跨地区、跨部门、跨所有制的大型文化产业集团,如文化旅游集团、艺术工艺品集团。管理部门要鼓励和支持"专、精、特、新"的中小型文化企业,进而形成竞争性的文化产业结构。

3. 完善财税、投融资和分配政策

文化产业的财税政策、投资融资政策和分配政策是文化产业发展的重要杠杆,对文化产业发展起着关键的调节、平衡和激励作用。

财政:对于不同的文化单位给予不同的政策,对公益性文化事业单位进行全额拨款;对经营性文化单位在转制期间给予拨款;对民营文化企业给予优惠的财政扶持;对于新兴文化产业项目给予低息或贴息贷款;对市场前景广阔的文化产品的生产和经营给予财政补贴。

税务:对于文化企业实行税金减免政策,转制的文化企业免征企业所得税;对财政拨款文化产业单位免征土地、房产、车船税;文化产品出口实行退税或免税政策;重点文化企业进口设备等实行免关税和免进口环节增值税。

投融资:积极引导社会各类资金进入文化产业,通过合作经营、中外合资、贴息贷款等多种形式筹措资金。探索文化产业领域通过发行债券、股票、奖券、文化基金、彩券等方式融资,创造多种所有制共同发展的文化产业格局。

分配：实行按劳分配和按生产要素分配相结合的分配方式。让一切劳动、知识技术、管理、资本按贡献不同参与分配，不断创新符合文化产业发展要求的多种收入分配方式。允许和鼓励一些有特殊才能和自主知识产权的人占有企业股份并参与利润分配。

附 录
丝绸年表

新石器时代（前 5000—前 1600）

发明养蚕、缫丝技术。
出现原始腰机。
出现平纹织物。

商、西周（前 1600—前 771）

开始栽培桑树。
出现桑、蚕、丝、帛等文字。
出现平纹提花织物和绞经织物。
出现锁绣，并利用朱砂进行染色。
流行简单几何纹样织物。

春秋、战国（前 771—前 222）

中原地区成为丝绸生产的中心区域。
使用提花机控制织物图案的循环。
使用经锦作为装饰面料。

大量利用茜、蓝、栀等植物染料进行染色。
龙凤图案流行。
中国丝绸通过草原丝绸之路传至中亚地区。
朝鲜、日本开始养蚕织绸。

秦、汉(前221—220)

踏板斜织机流行。
提花织物经锦达到高峰。
云气动物纹成为丝绸纹样的主流。
丝绸技术对造纸术产生重大影响。
张骞出使西域,开通丝绸之路。

魏、晋、南北朝(220—589)

丝绸产区扩至西北、西南地区。
魏国马钧改革多综多蹑机。
发明蚕卵冷藏技术,抑制蚕种孵化。
异域动物纹和联珠纹大量出现在丝织物上。
波斯及地中海地区利用野蚕丝生产丝织物。
越南及东南亚地区开始养蚕织绸。
栽桑养蚕技术传至印度及中亚地区。

隋、唐、五代(589—960)

开元年间,丝绸产量以吨计,为古代中国峰值。
丝织品种大为丰富,斜纹、纬显花技术盛行。织金、绣金、印金等织物加金方法大盛。
通经断纬技术开始应用于丝织品。

产生缂丝品种。

防染印花染缬、夹缬、蜡缬三缬大盛。

出现扎经织物宝花图案、陵阳公样盛行。

蚕种传入罗马帝国。

意大利出现蚕桑丝绸业。

中国织工在阿拉伯地区传授丝织技艺。

宋、辽、金、元（960—1368）

丝绸生产重心南移至长江三角洲地区。

出现桑苗嫁接技术。

有关蚕桑技术的农书不断问世。

广泛应用花楼束综提花机。

蒙古统治者大力推崇纳石失织金锦。

出现缎组织和缎织物。

写生花鸟和春水秋山纹样分别在南北两地流行。

海上丝绸之路成为丝绸贸易主要通道。

意大利成为欧洲丝绸中心。

西班牙出现养蚕业。

中国提花机、踏板织机传入欧洲。

法国里昂成为欧洲丝织业中心。

明代（1368—1644）

长江三角洲出现丝绸生产贸易专业化市镇。

宋应星《天工开物》最早著录家蚕杂交经验。

起绒织物开始出现。

妆花技术成熟。

妆花织物流行。

官服补子采用不同鸟兽纹样区别品级高低。

清代(1616—1911)

江南三织造成为官营生产基地。

形成各具特色的四大名绣。

吉祥如意纹成为主要纹样。

化学染料开始输入中国,用于丝绸印染。

1687 年英国发明提花装置。

西班牙流行天鹅绒。

1784 年动力织机在英国问世。

1785 年英国发明滚筒印花机。

1805 年意大利采用蒸汽缫丝机。

1825 年法国发明共捻式缫丝机。

1874 年陈启沅在广东创办我国第一家机器缫丝厂。

1895 年美国发明飞梭织机。

1898 年杭州太守林启创办我国第一所丝绸学校——蚕学馆。

19 世纪后期合成染料、人造纤维问世。

1901 年法国贾卡发明纹版提花机。

1911 年杭州工业学堂开设机织、纹工两科,并推广使用近代织机。

中华民国(1912—1949)

1922 年喷气织机在美国问世。

1924 年杭州纬成公司首次采用人造丝交织。

1928 年日本制成自动换梭织机。

1939 年英国发明双剑杆织机。

1946年中国蚕丝公司成立。

中华人民共和国(1949—)

1953年"中国蚕丝公司"改名为"中国丝绸公司"。

1956年从日本引进自动缫丝机。

1960年《丝绸》杂志创办。

1964年美国发明电子计算机控制自动提花机。

1965年捷克斯洛伐克制成喷水织机。

1977年以来,中国丝绸产量及出口量一直居世界首位。

开发运用电脑提花织造及数码印花等高新技术改造传统产业。

1978年德国出现电脑纹版机。

印度、巴西、越南等发展中国家大力发展蚕丝生产。

参考文献

1. 赵丰.中国丝绸通史[M].苏州:苏州大学出版社,2005.
2. 金开诚.丝绸文化[M].长春:吉林文史出版社,2010.
3. 刘治娟.丝绸的历史[M].北京:新世界出版社,2006.
4. 徐作耀.中国丝绸机械[M].北京:中国纺织出版社,1998.
5. 王庄穆.新中国丝绸史记[M].北京:中国纺织出版社,2004.
6. 徐新吾.近代江南丝织工业史[M].上海:上海人民出版社,1991.
7. 钱小萍.丝绸实用小百科[M].北京:中国纺织出版社,2001.
8. 陈维稷.中国纺织科学技术史(古代部分)[M].北京:科学出版社,1984.
9. 李仁溥.中国古代纺织史稿[M].长沙:岳麓书社,1983.
10. 苏州丝绸工学院.制丝学[M].北京:中国纺织出版社,1980.
11. 浙江丝绸工学院.织物组织与纹织学[M].北京:中国纺织出版社,1997.
12. 范雪荣.纺织品染整工艺学[M].北京:中国纺织出版社,2006.
13. 陈永昊.中国丝绸文化[M].杭州:浙江摄影出版社,1995.
14. 顾国达.世界蚕业经济与丝绸贸易[M].北京:中国农业科技

出版社,2001.

15. 李琴生.中国丝绸与文化[M].北京:团结出版社,1991.

16. 宋执群.苏州丝绸[M].沈阳:辽宁人民出版社,2005.

17. 苏简亚.苏州文化概论:吴文化在苏州的传承和发展[M].南京:江苏教育出版社,2008.

18. 汪小洋.江苏地域文化概论[M].南京:东南大学出版社,2011.

19. 汪长根,蒋忠友.苏州文化与文化苏州[M].苏州:古吴轩出版社,2005.

20. 陈泳.城市空间:形态、类型与意义——苏州古城结构形态演化研究[M].南京:东南大学出版社,2006.

21. 史建华.苏州古城的保护与更新[M].南京:东南大学出版社,2003.

22. Hu Tao, David L. Kaplan, and Fiorenzo G. Omenetto. Silk Materials—A road to sustainable high technology[J]. Advanced Materials, 2012,24(21):2824-2837.

23. Charu Vepari, and David L. Kaplan. Silk as a biomaterial[J]. Progress in Polymer Science,2007,32(8-9):991-1007.

24. 袁宣萍,赵丰.中国丝绸文化史[M].济南:山东美术出版社,2009.

25. 江苏省地方志编纂委员会.蚕桑丝绸志[M].南京:江苏古籍出版社,2000.

26. 黄君霆.中国蚕丝大全[M].成都:四川科学技术出版社,1996.

27. 王庄穆. 中国丝绸辞典[M]. 北京:中国科学技术出版社,1996.

28. 苏州丝绸工学院.制丝化学[M].北京:中国纺织出版社,1979.